大数据管理与应用系列教材

大数据可视化技术

吕 波 编著

机 械 工 业 出 版 社

本书共23章，介绍了新商科、新文科本科生能用到的大数据可视化技术与方法，以及常见的大数据可视化应用案例。本书简单实用，在介绍每一种大数据可视化工具时，兼顾在线工具可视化和编程可视化两种方式：利用在线工具，可以用不编程的方法实现大数据可视化；对于Python编程部分，采用模板化知识讲授，只需少量替换模板中的语句即可将其应用到其他场景。

本书是为新商科、新文科类专业师生定制的教材，让没有编程基础的学生能懂、会用，让非计算机专业出身的教师可以学通、讲授。同时，本书也可供其他大数据可视化的初学者参考。

图书在版编目（CIP）数据

大数据可视化技术/吕波编著. —北京：机械工业出版社，2021.4（2023.8重印）
大数据管理与应用系列教材
ISBN 978-7-111-67913-4

Ⅰ. ①大…　Ⅱ. ①吕…　Ⅲ. ①可视化软件－数据处理－教材
Ⅳ. ①TP31

中国版本图书馆CIP数据核字（2021）第060308号

机械工业出版社（北京市百万庄大街22号　邮政编码100037）
策划编辑：易　敏　责任编辑：易　敏　刘　静
责任校对：黄兴伟　封面设计：鞠　杨
责任印制：单爱军
北京虎彩文化传播有限公司印刷
2023年8月第1版第3次印刷
184mm×260mm · 10.75印张 · 209千字
标准书号：ISBN 978-7-111-67913-4
定价：35.00元

电话服务
客服电话：010-88361066
010-88379833
010-68326294

网络服务
机　工　官　网：www.cmpbook.com
机　工　官　博：weibo.com/cmp1952
金　　书　　网：www.golden-book.com
机工教育服务网：www.cmpedu.com

前言

大数据以海量信息的形态存在着，如果不进行可视化，其价值就无法体现出来。大数据可视化是大数据价值实现的主要通道，因而也是大数据知识学习中最不能缺少的一门核心课程。

大数据在可视化后，以其漂亮的外形、“高大上”的展示、一目了然的表达来吸引眼球，在会议、展示、汇报、讲演中成为利器。商科、文科类专业的学生，因为计算机专业知识相对薄弱，对大数据可谓又爱又“恨”——爱的是每个人都需要它，也被大数据的魅力所征服；但更多是“恨”：一见大数据，就被那密密麻麻的编程语言吓倒，感到头大，几乎没有信心去学习。学生们感叹自己所学的知识不够“硬”，在求职、会议或讲演等场合，与精通大数据者所做的出彩展示相比，常常是自信心不足，在心理上就落了下风。

类似情况不仅存在于学生中，学校教师也是如此。在高校，传统商科、文科在向大数据靠拢的过程中，最先迎接挑战的一个群体是讲授传统专业的教师。计算机专业基础薄弱的教师遇到的问题和上述学生一样，会一见编程就头大、信心丧失，并产生职业危机感。但是——

大数据真的高不可攀吗？

对于非计算机专业的学生，大数据就是其一道不可逾越的屏障吗？

非计算机专业的高校教师，对大数据就只能束手无策吗？

新商科、新文科学生只能望着数字海洋而兴叹吗？

本书就是在这种强大的需求背景下应运而生的一本教材。

对于数学基础相对薄弱、非计算机专业的新商科、新文科学生来说，如果提供编程模板，在处理数据时，只需要替换一下关键词，也能输出大数据可视化图，这是不是大幅度地降低了应用大数据的准入门槛呢？如果是这样，则可以让这部分新商科、新文科学生重拾对大数据的信心。

当然，即使门槛降得足够低，还是有一部分学生根本不想去编程，但现实中又确实需要，这部分学生该怎么办呢？对于这一类彻底不想编程的学生来说，如果有一种方法让他们不编程也能对大数据可视化进行操作，是不是又带来了福音呢？本书尝试用在线工具法，让这部分学生对大数据可视化可以不编程也能操作。

对于新商科、新文科学生，简单的编程或者不编程，拿来就能用，对于其建立信心非常重要。**本书在大数据应用、可视化分析研究和应用的新形势下，结合**

大数据可视化的发展背景与趋势，将大数据可视化的编程语言实现了简洁化、样板化。一是利用在线网站。在线网站的优点是把编程置于后台，用简单的输入就可以完成可视化，不用编程，这种在线网站或工具越来越多，本书选择了可行性强、市场接受度高的在线网站或工具推荐给读者。二是利用最简单的编程，并给予案例，进行模块化操作。Python是一种编程语言，是处理大数据的一种主要工具。读者在需要处理大数据时，可以参照本书所提供的案例，比着葫芦画瓢，做最简单的修改即可完成可视化。

归纳起来，本书具有以下六个特色：

一是定制化：是为新文科、新商科学生定制的大数据可视化教材。

二是多方法：提供多种方法实现大数据可视化，读者选择余地大。

三是台阶式：阐释的知识由易到难。

四是提供不用编程的方法：不编程也能实现可视化操作，把难度降到最低。

五是编程样板化：对于编程部分，实现最简化、模板化，并做好详细的解释。

六是编程简洁易用：让无编程基础的学生、教师也能看懂、会用，只需更换少量关键词，即可完成大数据可视化。

本书提供了配套的样板化编程、数据库、工具与软件的使用说明，易于教学，非计算机专业的教师自学或接受培训后即可讲授。订购本书做教材的教师可以联系出版社编辑获取相关教学资源（cmp9721@163.com）。本书的部分编程力求简单化，购买本书的其他读者可依据本书编码手动输入，以达到练习、理解并增强记忆的目的。本书第一至第十六章可以作为必学内容按章节讲授，每周讲授一章，共计用十六周完成。余下的时间，可以从第十七至第二十三章中选取难度系数适合的一个案例作为实验内容，其余案例均供参考。这样正好在一个学期内讲授完成，让编程基础较差的学生也能初步掌握大数据可视化的方法。

鉴于经验欠缺与水平有限，书中的不足或错误之处，请多提宝贵的批评意见，以便在新版本中修正。

特别感谢全国高校人工智能与大数据创新联盟及其新商科专业委员会对本书出版所提供的机会、帮助与支持！

作　者

目录

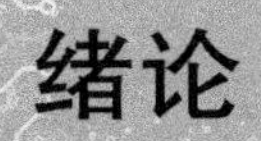

绪论 工具安装和环境设置

第一节　在线网站与工具

在线网站与在线工具的使用，是大数据未来应用的趋势之一。本书介绍的主要在线工具如下，后续相关章节中会进行详细解释。

（1）WordArt：在线制作词云图。

（2）FineReport 报表设计器：在线制作气泡图等。

（3）地图慧：在线生成热力图等，网址为 https://g.dituhui.com/。

（4）亿图软件：生成仪表盘图。

（5）BDP：在线制作漏斗图等，网址为 https://me.bdp.cn/home.html。

（6）其他在线工具。

这些在线网站或工具，可根据使用说明按步骤进行操作，实现大数据可视化。

第二节　编程软件的安装

本书主要基于 Excel、Python 3 以及 Jupyter Notebook 等进行讲授。Excel 为常用软件；后两者均为开源性软件，正确安装后再参照本书使用。

在安装与计算机相匹配的 Python 3、Jupyter Notebook 后，需安装使用 Google Chrome 浏览器。

安装过程如下：

第一步，同时按〈Windows 与 R〉组合键，如图 0-1 所示。

图 0-1　同时按〈Windows 与 R〉组合键

第二步，在弹出的对话框（如图 0-2 所示）中，输入 cmd，点击“确定”。

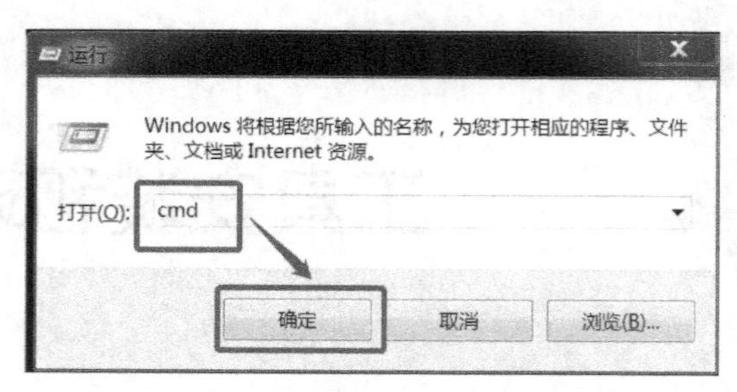

图 0-2　输入 cmd

第三步，在弹出的窗口（如图 0-3 所示）中，安装与计算机系统相匹配的 Python 版本。

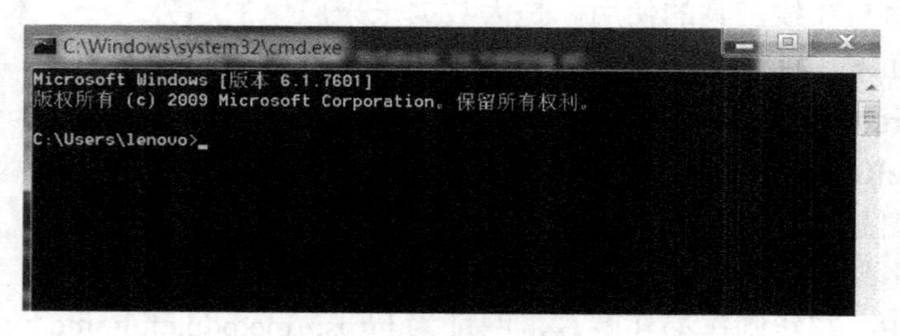

图 0-3　进入 C 盘根目录

第四步，查看系统配置情况。

安装的 Python 版本要与自己的计算机系统配置匹配，如何查看自己计算机的系统配置呢？

在图 0-3 中的 C 盘根目录下输入 systeminfo，则可显示出系统的配置情况，如图 0-4 所示。

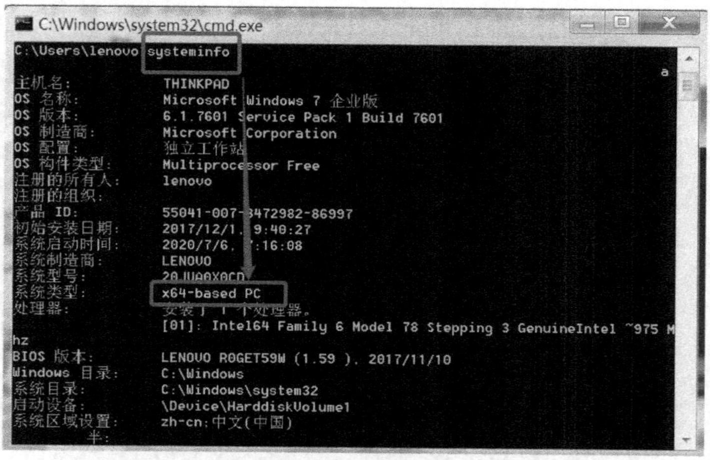

```
C:\Windows\system32\cmd.exe
C:\Users\lenovo>systeminfo

主机名:           THINKPAD
OS 名称:          Microsoft Windows 7 企业版
OS 版本:          6.1.7601 Service Pack 1 Build 7601
OS 制造商:        Microsoft Corporation
OS 配置:          独立工作站
OS 构件类型:      Multiprocessor Free
注册的所有人:     lenovo
注册的组织:
产品 ID:          55041-007-3472982-86997
初始安装日期:     2017/12/1, 9:40:27
系统启动时间:     2020/7/6, :16:08
系统制造商:       LENOVO
系统型号:         20 UA0X0CD
系统类型:         x64-based PC
处理器:           安装了 1 个处理器。
                  [01]: Intel64 Family 6 Model 78 Stepping 3 GenuineIntel ~975 M
hz
BIOS 版本:        LENOVO R0GET59W (1.59 ), 2017/11/10
Windows 目录:     C:\Windows
系统目录:         C:\Windows\system32
启动设备:         \Device\HarddiskVolume1
系统区域设置:     zh-cn;中文(中国)
```

图 0-4　查看系统配置

在C盘命令窗口下，先后输入以下命令安装Python与Jupyter Notebook：

```
pip install python X.X.X    # X.X.X表示要输入适合本计算机系统的python版本
pip install jupyter notebook    #安装Jupyter Notebook版本
```

也可在网络上搜索Python安装方法或Jupyter Notebook安装方法，并参照Python、Jupyter Notebook的相关安装说明安装。

Python的安装也可以利用下载安装包来完成。在Mac下的安装方法与在Windows下安装的步骤类似。先下载Python：打开Python下载页面https://www.python.org/downloads/，如图0-5所示，下载与系统相匹配的版本Python。下载完成后安装。

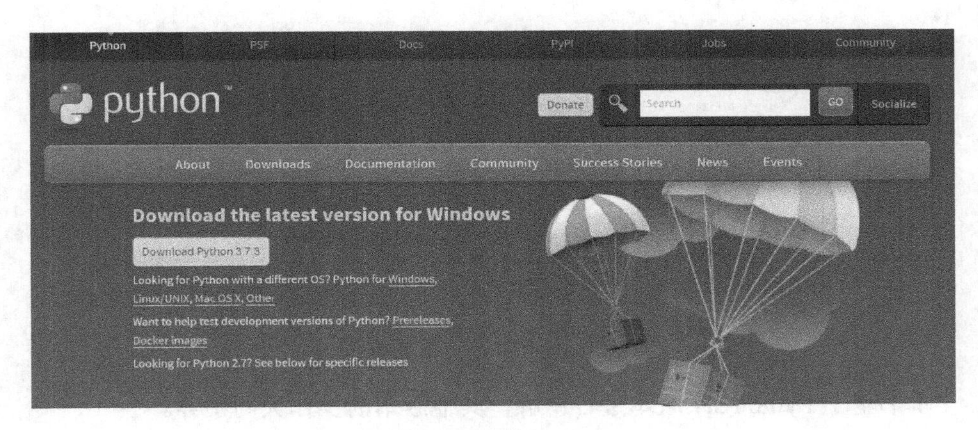

图0-5　下载Python

在安装Python后，如何判断Python是否安装成功呢？可在C盘命令窗口中输入python，如果屏幕输出Python具体版本的标志，如图0-6所示，则表明Python已经安装成功了。

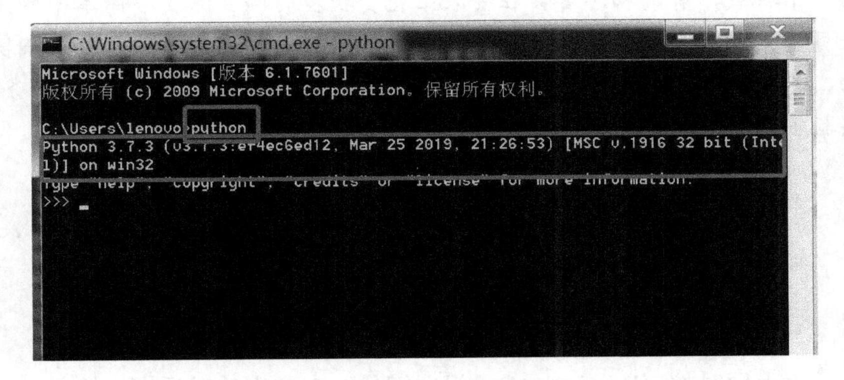

图0-6　Python安装成功标志

安装Jupyter Notebook的另一种方法是先安装Anaconda。Anaconda中有自

带的 Jupyter Notebook，所以安装了 Anaconda 就同步完成了 Jupyter Notebook 的安装。

具体安装方法：先安装 Anaconda。可访问清华大学的镜像网站：

https://mirrors.tuna.tsinghua.edu.cn/anaconda/archive/

选择适合的版本完成下载。下载后，双击打开 Anaconda 安装文件，直接单击 Install 安装即可。注意：在安装时，尽可能选中高级选项（Advanced Options）的所有复选框，如图 0-7 所示。

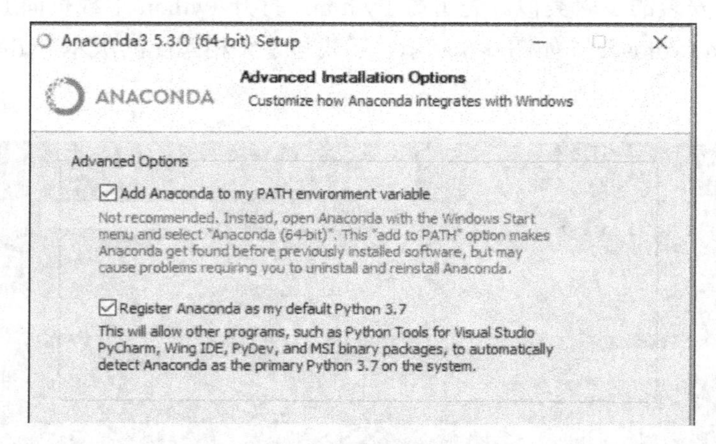

图 0-7　选中所有复选框

本书基于 Python 3.7 版本进行讲解，其他版本的操作大同小异。

注意：在安装 Python 与 Jupyter Notebook 的过程中，不同的计算机系统版本不同，所要安装的 Python 版本要与 system32 或 system64 相匹配，匹配不上会遇到软件安装不上的问题。目前 Python 与 Jupyter Notebook 因匹配性问题在安装过程中遇到的问题较多，可在网络上搜索如何解决安装问题的解答。这是初学者遇到的第一个挑战，有的初学者会在安装上花费较多时间。除了参照本书的上述说明，还可查询相应专业网站，一般也能找到解决安装问题的方法。如果确实安装不成功，建议向有专业经历或背景的教师或同学请教，也可以寻找远程服务帮助。配备实验室的学校，也可由实验教师统一安装软件。

第三节　打开 Jupyter Notebook

1. 按〈Windows+R〉组合键

在键盘上同时按〈Windows+R〉组合键后，在弹出的对话框中输入 cmd，如图 0-8 所示。

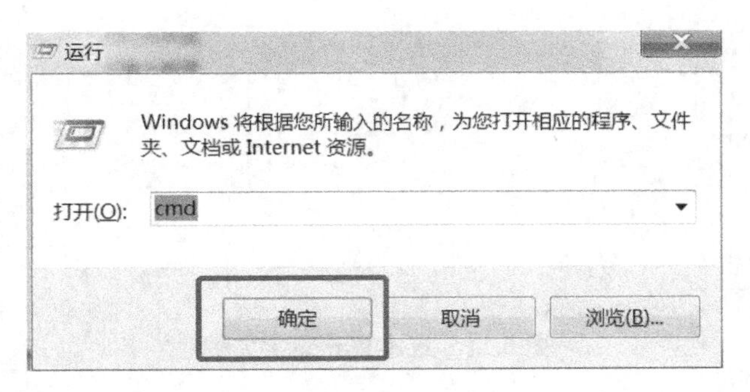

图 0-8　输入 cmd

单击“确定”按钮后，进入 C 盘命令窗口。

2. 在命令窗口输入

在命令窗口输入“jupyter notebook”，出现如图 0-9 所示的界面。

```
C:\Windows\system32\cmd.exe - jupyter  notebook
C:\Users\lenovo>jupyter notebook
[I 08:05:28.806 NotebookApp] Serving notebooks from local directory: C:\Users\le
novo
[I 08:05:28.852 NotebookApp] The Jupyter Notebook is running at:
[I 08:05:28.853 NotebookApp] http://localhost:8888/?token=e7bf7103a10b133d595184
ef9b994782be2ade0eee08c262
[I 08:05:28.854 NotebookApp]  or http://127.0.0.1:8888/?token=e7bf7103a10b133d59
5184ef9b994782be2ade0eee08c262
[I 08:05:28.855 NotebookApp] Use Control-C to stop this server and shut down all
 kernels (twice to skip confirmation).
[C 08:05:28.958 NotebookApp]

    To access the notebook, open this file in a browser:
        file:///C:/Users/lenovo/AppData/Roaming/jupyter/runtime/nbserver-6628-op
en.html
```

图 0-9　Jupyter Notebook 相关信息

3. 打开界面

系统同时自动打开 Google 窗口下的 Jupyter Notebook 界面，如图 0-10 所示。

图 0-10　Jupyter Notebook 界面

4. 新建程序

单击 New→Python 3，如图 0-11 所示，新建 Python 3 文件。

图 0-11　新建 Python 3 文件

5. 文件重命名和保存

如图 0-12 所示，单击 Untitled ×，弹出“重命名”对话框。在其中输入新文件名称后单击“重命名”即可完成文件重命名。重命名后的文件自动保存在默认的文件夹中，其扩展名为.ipynb。程序语言写好后，可以单击图 0-12 左上方的保存按钮进行保存。

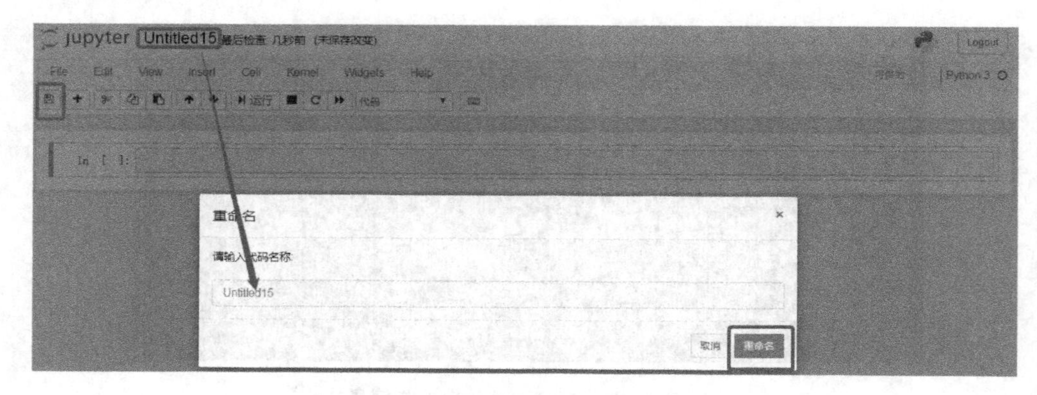

图 0-12　重命名

新保存的文件以××.ipynb 的形式存在，读者需要时可以去默认的文件夹中寻找。

6. 所需要程序包的安装

在启动 Jupyter Notebook 后，再安装所需要的程序包。本书所需要的程序包可通过在 Jupyter Notebook 上利用“pip install”+“包名”的命令进行安装。

第四节　安装程序包命令

安装程序包的命令可以直接输入到打开的 Jupyter Notebook 中。命令如下：

```
pip install XXX  #xxx 表示要安装的程序包的名称
```

新文科、新商科的学生可以一次性将大部分所需要的程序包安装到位。在利用 Jupyter Notebook 安装程序时，不需要严格地区分哪些程序包有什么用途，只需要把常用程序包直接复制在最前面即可。如果遇到个别程序包不能识别，可根据 Jupyter Notebook 的运行提示，再利用 pip install 命令安装。

第五节 常用程序包与前置性语句

本书需要安装并经常使用的程序包如下所示。

例如经常会遇到中文、负号的正确设置与显示，以及需要多行输出的显示，这时可以使用相应的程序包作为前置行语句。如果初学者分不清使用哪些程序包，建议直接将以下语句复制到 Jupyter Notebook 命令中调用。用不到的程序包可以备用，它们的存在并不会影响后面的运行结果。

```
#常用程序包
import pandas as pd
import matplotlib.pyplot as plt
import plotly
import plotly.offline as py
import plotly.express as px
import plotly.graph_objects as go
import dateparser
#设置中文字体以及中文的正确显示
from pylab import mpl
mpl.rcParams['font.sans-serif'] = ['SimHei']
#负号的正确显示
plt.rcParams['axes.unicode_minus'] = False
#多行输出
from IPython.core.interactiveshell import InteractiveShell
InteractiveShell.ast_node_interactivity = "all"
```

第一章 词 云 图

第一节 教学介绍与基本概念

1. 教学目标

（1）掌握简单的词云图在线生成方法。
（2）掌握利用编程对 Excel 表生成词云图。
（3）掌握利用编程对 Text 文本生成词云图。

2. 教学工具

（1）WordArt 在线工具。
（2）图悦在线工具。
（3）Jupyter Notebook + Python。

3. 数据库与资源

本章配套电子资源有：
（1）数据库：hr.xls、淘宝宝贝数量.xlsx。
（2）字体库：STXIHEI.ttf。
（3）文件：十九届四中全会文章.txt。
（4）心形图片：heart.jpg。
（5）程序代码文件：第一章词云图.ipynb。

4. 基本概念与命令

（1）词云图的概念

在大数据方兴未艾的背景下，读者只要一搜索大数据就会看到“关键词云图”，简称为词云图或云图或文字云。词云图是大数据最重要的可视化图形之一。词云图是对文本中出现频率较高的“关键词”予以视觉化的展现。词云图过滤掉大量低频低质的文本信息，使得浏览者只要一眼扫过就可领略大数据所表达的主旨。关键词在词云图中得到体现，而且根据频数或权重不同，显示的关键词大小也不一样。

（2）词云图的特点

随着技术的发展，词云图呈现的形式千姿百态，给人以震撼的数据美学享受。鉴于词云图直观、美观，在项目汇报、策划方案、竞标提案中，随处可见漂亮的词云图。词云图已经成为新文科与新商科大学生、研究生踏入职场或做科研的必备技术之一。生成词云图的软件与方法一般较为复杂，本书主要介绍简单易学的方法，并提供模板式编程方法。读者只要替换输入数据库，即可完成大数据输入与词云图输出，从而回避文科生与商科生较难掌握的编程难题。

（3）词云图的应用场景

在实践中，词云图可用于年终汇报、策划方案、竞标提案等场景，这时使用漂亮的词云图，已经成为职场人越来越娴熟的新技能。在学术研究中，大数据以词云图的形式呈现，可以直观地展示谁是关键词，以及关键词所占的比重。

（4）词云图的主要命令

```
w = wordcloud.WordCloud(width=2000,height=1000,font_path='msyh.
ttf',background_color='white',max_words=60,mask=mask)
```

第二节　在线工具 WordArt

生成词云图的工具，目前已经得到市场认可的较多。生成词云图的在线网站不止一家，主要包括 WordArt、BlueMC、WordItOut、图悦、TimDream 等。根据实际经验，本书首推 WordArt 在线生成工具。利用 WordArt 可以输入 Excel 表格的统计数据，而且输出的词云图可以随心所欲地改变形状、颜色、样式等，最重要的是简单易学。

1. 线上注册

请打开网址 https://wordart.com/create，先进行在线注册。

同时，需要下载字体“STXIHEI.ttf”，即华文细黑常规字体，以备用。该小程序在本章配套电子资源中也能找到。

2. 打开界面

注册完毕后，出现如图 1-1 所示界面。单击 CREATE NOW。

3. 输入数据

单击 Import 可复制 Excel 中的数据，注意不要选中 Remove numbers 复选框。也可直接手工输入数据。将本章配套电子资源“淘宝宝贝数量表.xlsx”中的数据复制过来，如图 1-2、图 1-3 所示。

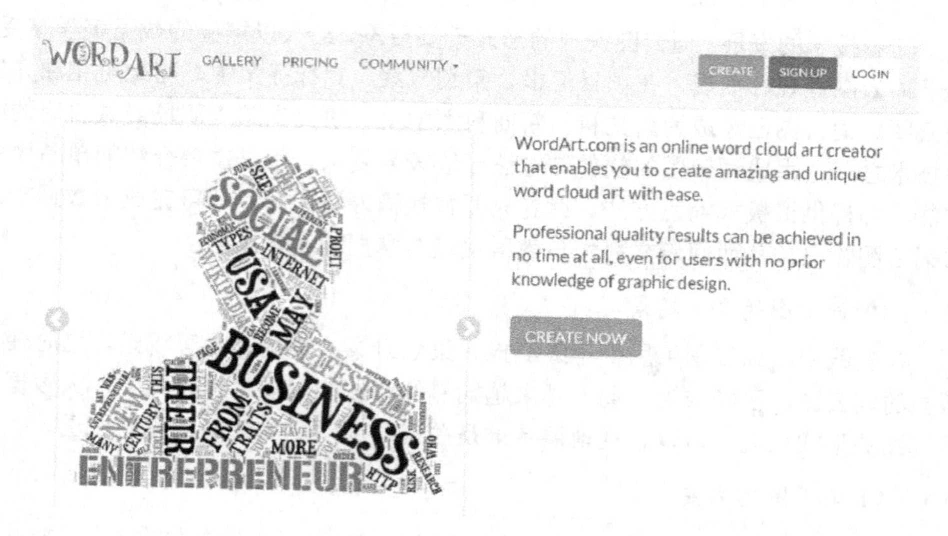

图 1-1　WordArt 界面

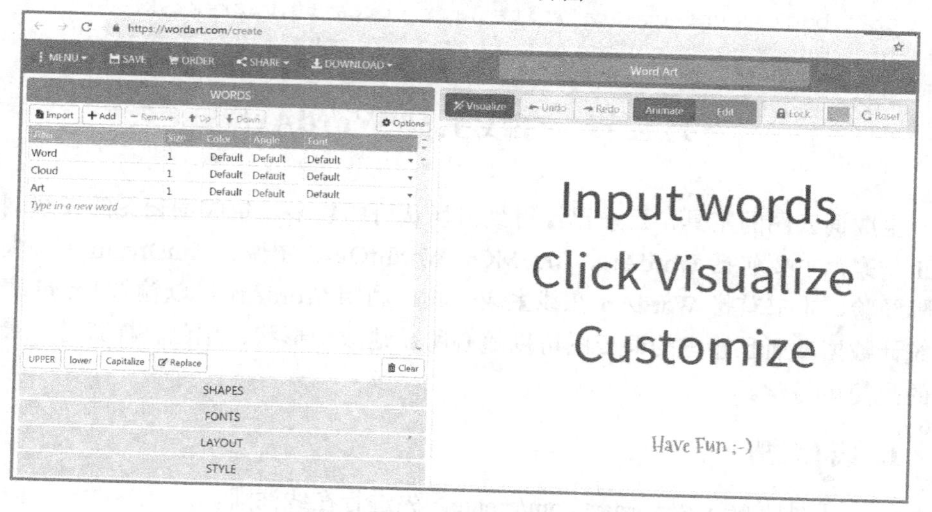

图 1-2　WordArt 输入数据界面 1

4. 生成词云图

在图 1-2 的“SHAPES”中选择云形图，在“FONTS”中单击“+Add font”，将“STXihei”加入，以识别中文，防止乱码。其他可以选择默认设置。单击“Visualize”，则自动生成词云图，如图 1-4 所示。

5. 保存词云图

在“DOWNLOAD”中选择下载格式，即可生成如下词云图图片，如图 1-5 所示。

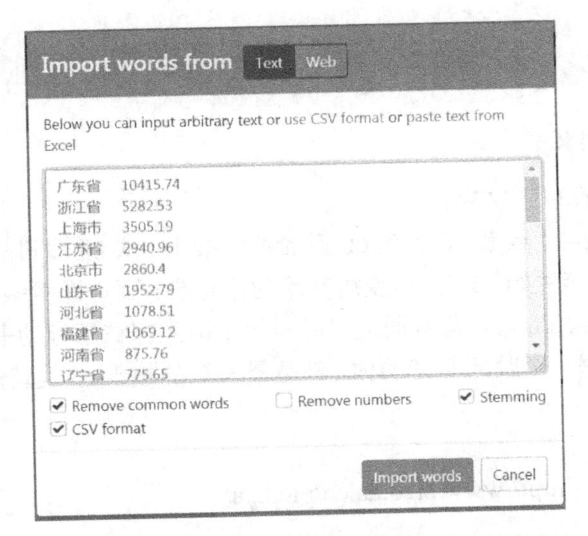

图 1-3 WordArt 输入数据界面 2

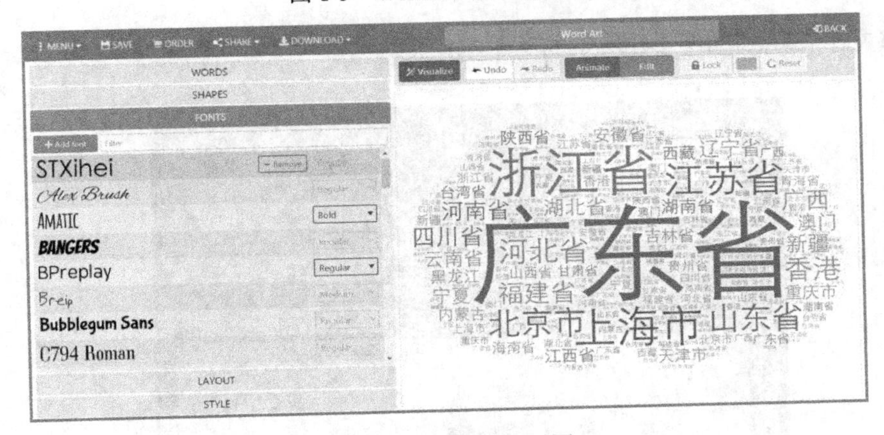

图 1-4 生成词云图

图 1-5 下载后的词云图图片

第三节　在线工具图悦

1. 选择复制文字

比如随机选择以下文字：

“我们都在战斗！致敬 30 后到 00 后的抗疫战士。从 84 岁再战疫情的钟南山，73 岁奔波一线的李兰娟，57 岁与疫病赛跑的张定宇，到许许多多义无反顾冲上前线的 80 后、90 后、00 后，危难面前，每一代中国人都在用行动书写使命和担当。在这场战争里，每一个咬牙坚持的你，都是最勇敢的战士。一起努力，中国加油！”

2. 打开网站

网站地址为：http://www.picdata.cn/picdata/。

3. 将文字粘贴进文本框

将文字粘贴到如图 1-6 所示的文本框中。

图 1-6　打开图悦网

4. 单击“分析出图”

单击界面上的“分析出图”，出现图 1-7 所示的词云图。

图 1-7　图悦生成的词云图

5. 单击"导出 Excel"，得到词频表

可得词频表如图 1-8 所示。

关键词	词频	相对热度
战士	2	1
再战	1	0.9143
战斗	1	0.9053
疫情	1	0.9034
赛跑	1	0.9002
抗疫	1	0.8989
奔波	1	0.898
疫病	1	0.8978
钟南山	1	0.8931

图 1-8　词频表

第四节　Excel 数据的编程模板

1. 大数据准备

本文选取某招聘网站的爬虫数据（电子文件可从本章教学资源包中提取）作为输入数据库，对其词云图生成模板化编程进行分析。该部分数据存放在 **'XX\\hr.xls',sheet_name='boss_res'**。

XX 是指存放路径。可以右击该文件，在弹出的快捷菜单中，选择"属性"命令，出现如图 1-9 所示的对话框。将位置部分复制过来，替换框选部分。

注意：要把"\"变成"\\"或"/"。

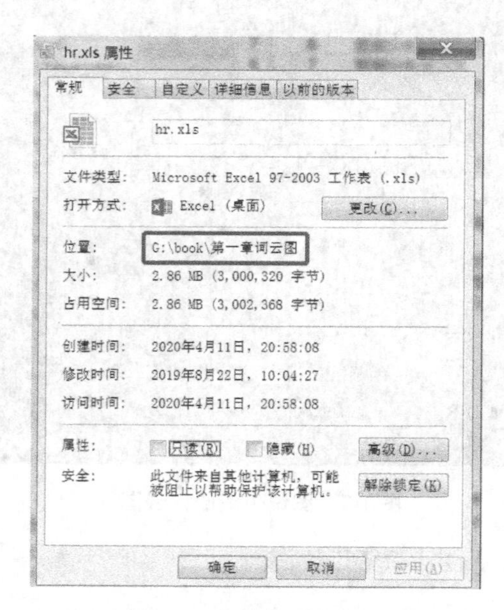

图 1-9　文件位置的查找

2. 主要代码

第一步，按〈Windows+R〉组合键，在弹出的对话框中，输入 cmd，并单击“确定”按钮，如图 1-10 所示；在 C 盘命令窗口中输入 jupyter notebook，如图 1-11 所示，自动进入 Jupyter Notebook 窗口，如图 1-12 所示；新建 Python 3 程序文件，如图 1-13 所示；在图 1-14 所示的文本框中输入程序代码，完成新程序。

图 1-10　按〈Windows+R〉组合键，输入 cmd

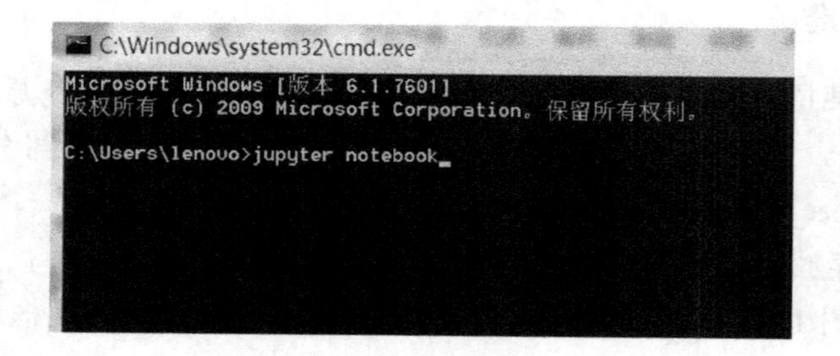

图 1-11　在 C 盘命令窗口中输入 jupyter notebook

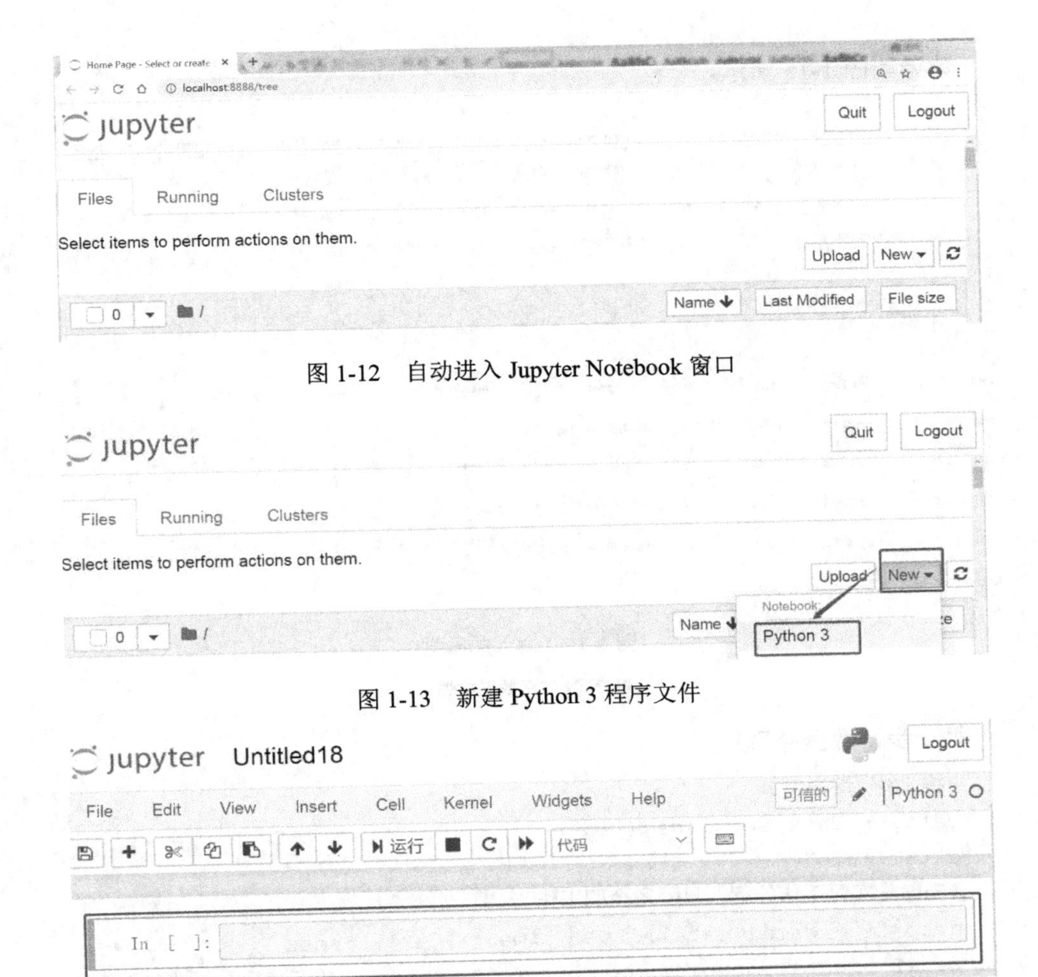

图 1-12　自动进入 Jupyter Notebook 窗口

图 1-13　新建 Python 3 程序文件

图 1-14　程序代码输入文本框

可在程序代码输入文本框内输入以下内容：

```
#输入常见的程序包
import numpy as np
import pandas as pd
import matplotlib.pyplot as plt  #输入需要的程序包
from IPython.core.interactiveshell import InteractiveShell
InteractiveShell.ast_node_interactivity = "all"  #多行输出
plt.rcParams['font.sans-serif']=['SimHei']
plt.rcParams['axes.unicode_minus'] = False   #中文与负号的正确显示
```

第二步，读入数据：

```
data = pd.read_excel(r'G:\\book\\第一章词云图\\hr.xls',
sheet_name='boss_res')  #读入数据库；#方框内的路径可按实际情况替换，下同
data
```

数据如图 1-15 所示。

	id	job_title	experience	education	company_name	industry	situation	scale	city	area	salary_min	salary_max	full_time	month
0	1	数据分析	1年以内	本科	握越联合	互联网	不需要融资	1000-9999人	北京	东城区	6	10	是	12
1	2	数据分析师	1-3年	大专	小泽文化	培训机构	未融资	500-999人	北京	NaN	8	12	是	12
2	3	数据分析师（项目管理方向）	1-3年	本科	北京博万管理咨询	汽车生产	A轮	100-499人	北京	NaN	6	8	是	12
3	4	商业化数据分析师	经验不限	本科	茄子快传	互联网	B轮	100-499人	北京	海淀区	15	30	是	12
4	5	数据分析师（车贷业务）	1-3年	本科	北京恒昌利通	互联网金融	未融资	10000人以上	北京	朝阳区	9	14	是	12
...	...	...	...	...	...	...	...	...	...	...	...	...	...	...
4082	4083	网络推广	1年以内	大专	蓝掌柜	人力资源服务	未融资	20-99人	重庆	NaN	2	4	是	12
4083	4084	电商运营	经验不限	学历不限	智玩电子商务	电子商务	20-99人	20-99人	重庆	江津区	2	4	是	12
4084	4085	产品运营	1-3年	大专	福建远商	互联网金融	不需要融资	20-99人	重庆	渝中区	10	11	是	12
4085	4086	产品专员	1-3年	大专	河北宣合森林木种...	其他行业	20-99人	20-99人	重庆	渝北区	2	4	是	12
4086	4087	淘宝运营专员	1年以内	本科	鼎盛宏程网络	电子商务	不需要融资	10000人以上	重庆	沙坪坝区	3	4	是	12

4087 rows × 14 columns

图 1-15　读入的数据

注：NaN 表示数据缺失。

第三步，数据整理：

```
#将 id 列设为索引
data1 = data.set_index('id')
data1.info()
#去除是实习工作的行，只保留全职工作
drop_lt = data1[data1['full_time']=='否'].index
data2 = data1.drop(drop_lt,axis=0)  #axis=0 代表一行一行地向下运行，重复执行，删除空白行
data2.info()  #显示删除空白行后的信息
#增加平均年薪列
data2['salary_max']=data2['salary_max'].astype('int64')
data2['salary_year_avg'] = ((data2['salary_min']+data2['salary_max'])/2)*data2['month']
data2['salary_avg'] = data2['salary_year_avg']/12  #增加平均月工资列
data2.head()
data2['industry'].value_counts()  #行业与工资的关系
```

第四步，绘制词云图：

```
#绘制一个以地图为背景的行业分布词云图
import jieba
import wordcloud
from imageio import imread
mask=imread('G:\\book\\第一章词云图\\heart.jpg')  #方框内可根据实际
```

```
路径替换
w = wordcloud.WordCloud(width=2000,height=1000,font_path='msyh.
ttf',background_color='white',max_words=60,mask=mask)
txt = ','.join(data2['industry'])
ls = jieba.lcut(txt)
txt = ' '.join(ls)
res = w.generate(txt)
plt.axis('off')
w = wordcloud.WordCloud(width=1500, height=1500, font_path='msyh.
ttf', background_color='white', max_words=100, mask=mask)
txt = ','.join(data2['industry'])
ls = jieba.lcut(txt)
txt = ' '.join(ls)
res = w.generate(txt)
plt.axis('off')
plt.imshow(res)
w.to_file('G:\\book\\第一章词云图\\grwordcloud1.png')  #方框内内容
可根据实际路径替换
```

3. 词云图输出

用 Jupyter Notebook 运行以上程序，自动弹出窗口，生成词云图如图 1-16 所示。

图 1-16　招聘行业词云图

4. 代码文件的重命名和保存

按照绪论第三节介绍的方法进行重命名和保存，以“第一章词云图.ipynb”保存到第一章的文件夹中。在需要时，可用 Jupyter Notebook 打开使用。本章第六节会详细介绍保存方法。

第五节　Text 文本的编程模板

1. 大数据准备

本文选择“十九届四中全会文章”作为数据分析对象。只要将所选资料转变成 Text 格式，均可参考本书提供的代码进行分析与词云图输出。

2. 主要代码

打开 Jupyter Notebook 窗口（操作过程参照图 1-10～图 1-14）。并在程序代码输入文本框中输入以下代码：

```
import numpy as np
import pandas as pd
import matplotlib.pyplot as plt  #输入需要的程序包
from IPython.core.interactiveshell import InteractiveShell
InteractiveShell.ast_node_interactivity = "all"  #多行输出
plt.rcParams['font.sans-serif']=['SimHei']
plt.rcParams['axes.unicode_minus'] = False  #中文与负号的正确显示
import jieba
import wordcloud
f = open('G:\\book\\第一章词云图\\十九届四中全会文章.txt','rb')  #方框内路径可替换
t = f.read()
f.close()
ls = jieba.lcut(t)
txt = ' ' .join(ls)
w = wordcloud.WordCloud(font_path='C:/Windows/Fonts/simfang.ttf',
width = 1000,height = 700,background_color = 'white')
w.generate(txt)
w.to_file('G:\\book\\第一章词云图\\grwordcloud2.png')  #方框内路径可替换
```

3. 词云图输出

生成词云图如图 1-17 所示。

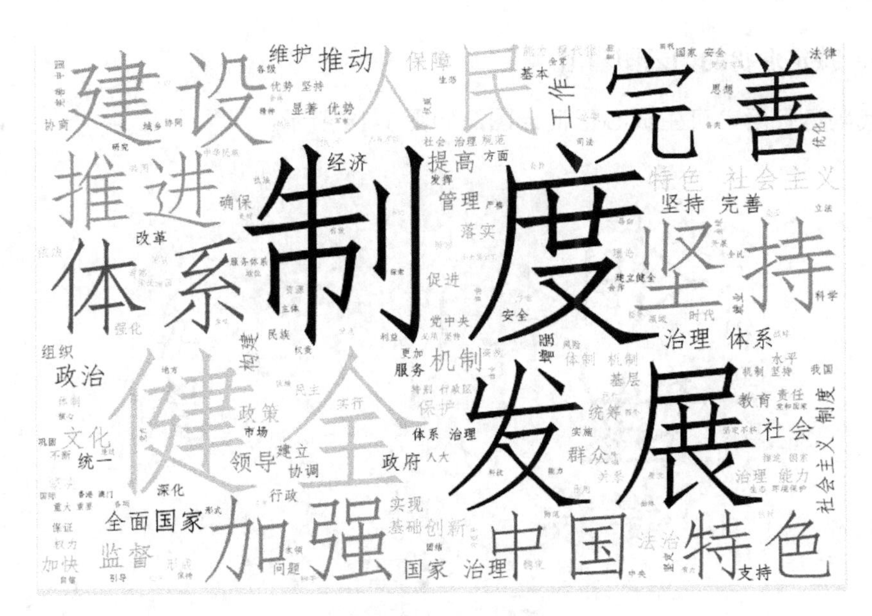

图 1-17 文章词云图

4. 特定形状的词云图代码

```
#输入需要的常用库；设置多行输出；设置中文与负号的正确显示
import numpy as np
import pandas as pd
import matplotlib.pyplot as plt
from IPython.core.interactiveshell import InteractiveShell
InteractiveShell.ast_node_interactivity = "all"
plt.rcParams['font.sans-serif']=['SimHei']
plt.rcParams['axes.unicode_minus'] = False
import jieba
import wordcloud
from imageio import imread
mask=imread('G:\\book\\第一章词云图\\heart.jpg') #方框内路径可替换
f = open('G:\\book\\第一章词云图\\十九届四中全会文章.txt','rb') #方
框内路径可替换
t = f.read()
f.close()
ls = jieba.lcut(t)
txt = ' ' .join(ls)
w = wordcloud.WordCloud(font_path='C:/Windows/Fonts/simfang.ttf',
width = 1000,height = 700,background_color = 'white', mask = mask)
w.generate(txt)
w.to_file('G:\\book\\第一章词云图\\grwordcloud3.png')
```

5. 特定形状的词云图输出

代码运行后，可生成心形词云图，如图 1-18 所示。

图 1-18　心形词云图

第六节　程序文件的保存与调用

完成上述程序的编辑后，可将程序文件命名为“第一章词云图.ipynb”，单击“保存”按钮。“第一章词云图.ipynb”将保存在默认的文件夹中，本书讲解的操作中，默认文件夹为“计算机/本地磁盘(C：)/用户/Lenovo”，如图 1-19 所示。

在默认文件夹中找到该文件，可将其复制到指定的文件夹中。

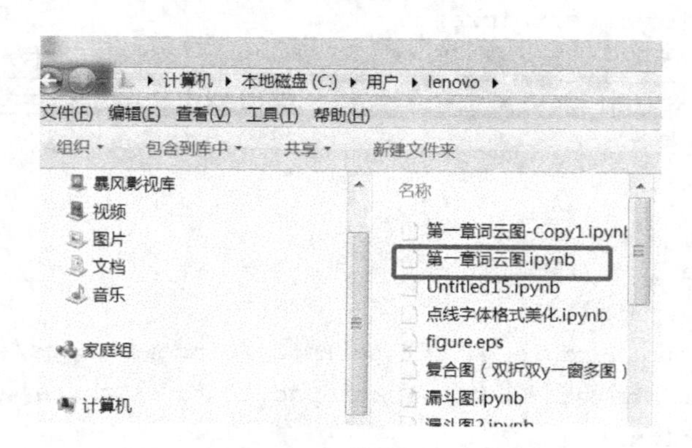

图 1-19　程序文件保存

在调用该程序文件时，在 Jupyter Notebook 窗口中单击“Upload”，找到保存程序文件的文件夹，选择该文件，单击“打开”按钮，如图 1-20 所示。

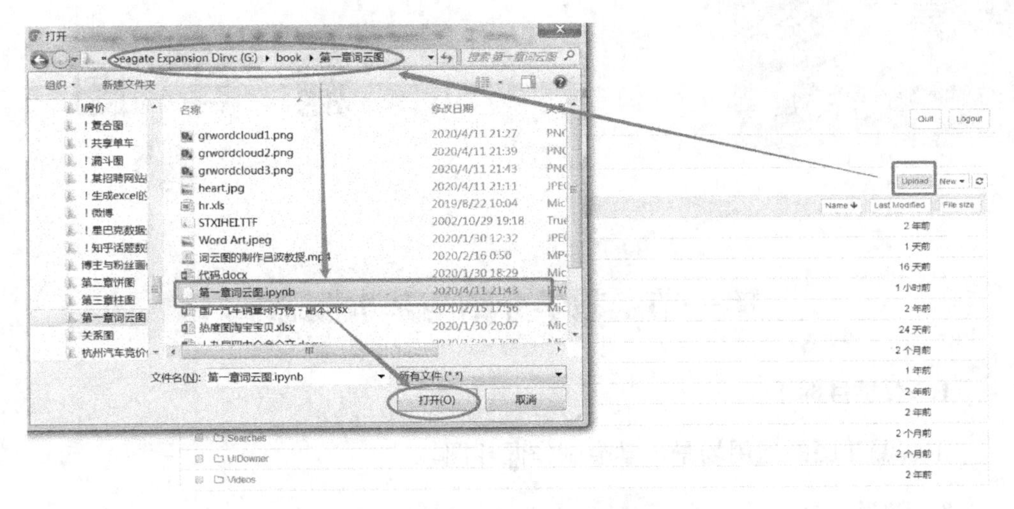

图 1-20　程序文件的调用

单击“打开”按钮后，出现图 1-21 所示的界面，单击“上传”按钮，该程序文件即可在 Jupyter Notebook 中打开。

图 1-21　程序文件上传

习题与作业

请选择最新召开的一次重要会议的文件文本，借鉴上述方法，分别利用 WordArt 网站与 Jupyter Notebook + Python 对其进行词云图分析。

第二章

漏 斗 图

第一节 教学介绍与基本概念

1. 教学目标

了解漏斗图的适用场景，学会制作漏斗图。

2. 教学工具

能做漏斗图的数据工具有很多，常用的工具包括 Excel、BDP 等。为了简便，本书使用网上在线生成工具和 Python。

3. 数据库与资源

本章配套电子文件含有如下数据库或资源：
（1）数据库：京东购买数据表.xlsx。
（2）数据库：loudou.xlsx。
（3）代码：第二章漏斗图.ipynb。

4. 基本概念与命令

（1）漏斗图的基本概念

漏斗图如图 2-1 所示，该漏斗图显示了访客变为实际客户的转化情况。通过该漏斗图，人们可以形象直观地观察到实际转化率。

图 2-1 漏斗图

（2）特点

漏斗图适合用于对业务流程比较规范、周期长、环节多的过程与环节进行分析，通过漏斗中各个步骤或流程中业务数据的比较，人们能够直观地发现问题所在。

（3）应用场景

1）客户关系管理（CRM）。例如，客户漏斗图可用来展示各阶段客户的转化情况。

2）电商网站。通过转化率比较，漏斗图能充分展示用户从进入网站后，点击商品、将商品放入购物车、付款再到评价的各阶段的参与情况。

3）营销推广。漏斗图能反映搜索营销各个环节的转化，包括从展现、点击、访问、咨询，直到生成订单过程中的客户数量及流失情况。

（4）主要命令

漏斗图的主要制作命令如下：

```
#Funnel(漏斗图)
from pyecharts import Funnel
attr =["环节六", "环节五", "环节四", "环节三", "环节二", "环节一"]
value =[20, 40, 60, 80, 100, 120]
funnel =Funnel("漏斗图示例")
funnel.add("商品", attr, value, is_label_show=True, label_pos=
"inside", label_text_color="#fff")
funnel.render()
```

第二节　利用在线工具生成漏斗图

打开网址 https://me.bdp.cn/home.html，使用 BDP 个人版。先完成在线免费注册，再按以下步骤完成制作。

第一步，单击“工作表”→“上传数据”，如图 2-2 所示。

图 2-2　打开工作表

第二步，将 Excel 数据导入，如图 2-3 所示。

T 环节	# 人数	# 转化率	# 总体转化率
点击浏览数	5330	1	100
放入购物车数	2660	0.49906191	50
购买数	1220	0.22889306	23
评价数	560	0.10506567	11
好评数	430	0.08067542	8

图 2-3　数据表

第三步，单击“新建图表”，如图 2-4 所示，从弹出的对话框中选择“普通图表”，单击“确定”按钮。

工作表　数据源　升级会员

漏斗图

ID: tb_693f5f7267ca4e0eb7ecba81585dd3a8

新建图表　上传数据　创建合表

数据预览　关联授权　历史记录　字段设置　追加数据　替换数据　添加字段

数据筛选　设置显示字段　设置字段跳转　显示最新 5 条数据，共 5 条数据　最近更新时间：2020-03-27 20:49:04

T 环节	# 人数	# 转化率	# 总体转化率
点击浏览数	5330	1	100
放入购物车数	2660	0.49906191	50
购买数	1220	0.22889306	23
评价数	560	0.10506567	11
好评数	430	0.08067542	8

图 2-4　新建图表

第四步，如图 2-5 所示，将“环节”“人数”拉入“维度”与“数值”，再在如图 2-6 所示的界面中单击“人数”左侧进行排序，再单击漏斗图图标。

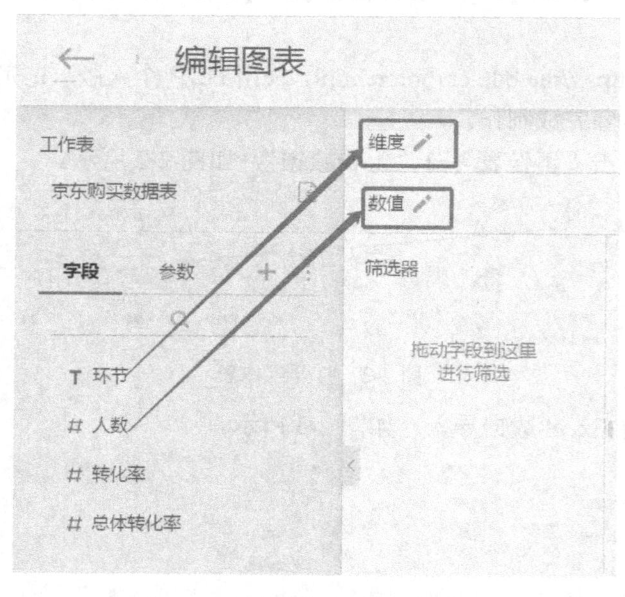

图 2-5　确定“维度”与“数值”

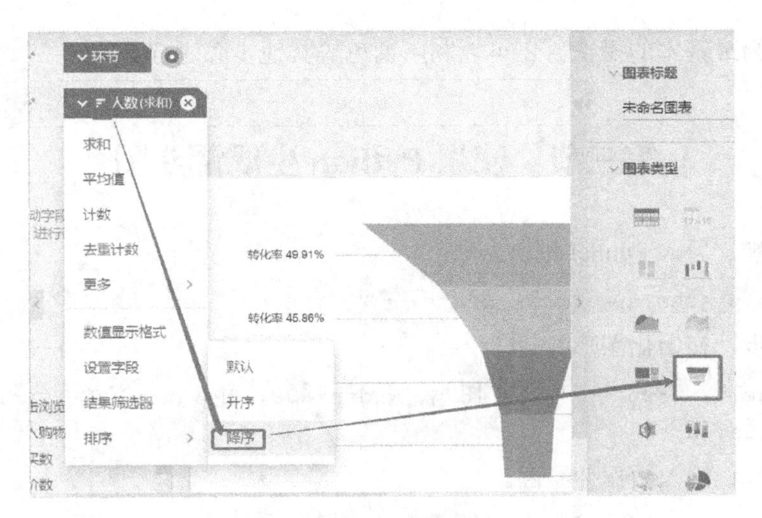

图 2-6　排序

第五步，形成漏斗图，如图 2-7 所示。

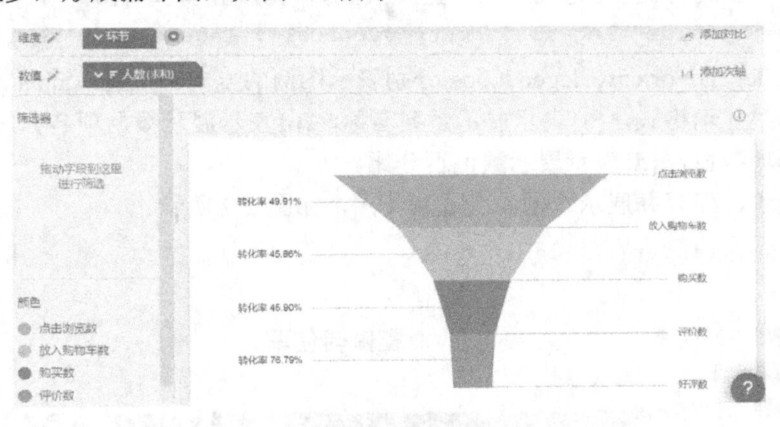

图 2-7　生成漏斗图

第六步，美化，最终得到如图 2-8 所示的漏斗图。

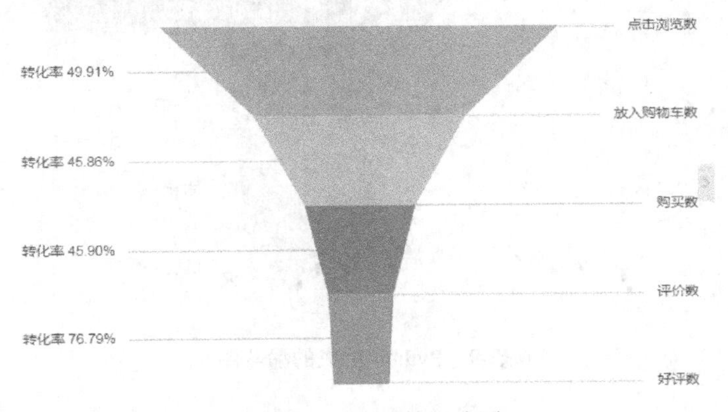

图 2-8　美化后的漏斗图

以上为最基本的操作。还可以利用调色等其他步骤进行美化。

第三节　使用 Python 生成漏斗图

第一步，导入 Funnel 模块。

```
from pyecharts import Funnel
```

第二步，初始化图形参数。

```
funnel = Funnel("漏斗图", width=600, height=400, title_pos=
'center')
```

第三步，输入数据并绘图。

```
funnel.add("商品交易行为记录数据",
['浏览','加入购物车','下单','支付','交易成功'],[40000,18000,10000,
8500,8000], is_label_show=True,label_formatter='{b} {c}', label_
pos="outside",legend_orient='vertical', legend_pos='left')
```

这里 legend_orient、legend_pos 分别表示图例的方向和位置，label_formatter 为数据标签显示格式，{a}表示展示系列名称，{b}表示展示数据项名称，{c}表示展示数据项数值，{d}表示展示数值百分比。

第四步，保存并展示数据，生成漏斗图，如图 2-9 所示。

```
funnel.render()
```

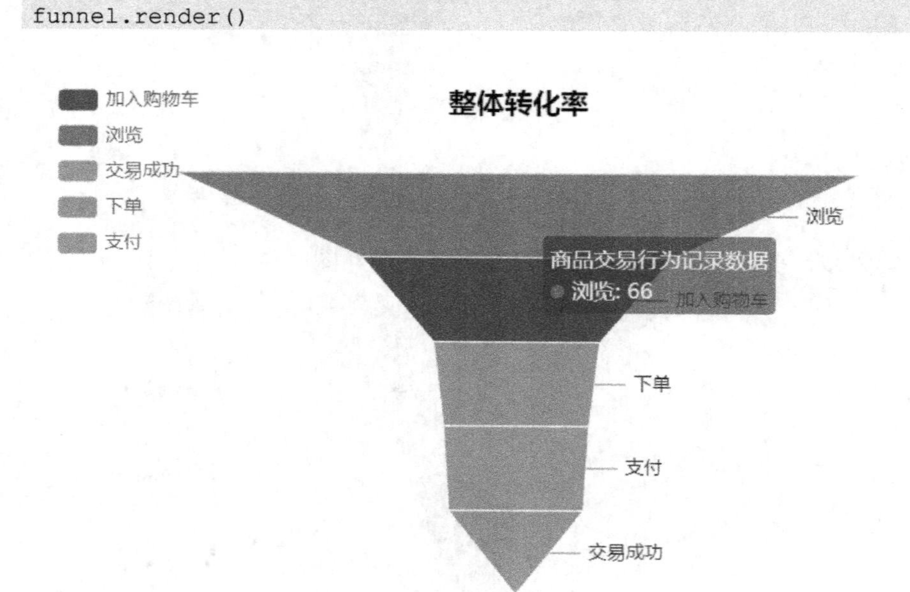

图 2-9　Python 生成的漏斗图

第四节 使用 Python 由外部数据导入制作漏斗图

打开 Jupyter Notebook，输入以下代码：

```
from pyecharts import Funnel
#从 pyecharts 包中导出创建漏斗图的函数
import pandas as pd
#实现多行输出
from IPython.core.interactiveshell import InteractiveShell
InteractiveShell.ast_node_interactivity = 'all'  #默认为'last'
#导入创建漏斗图所需要的数据
data = pd.read_excel(..loudou.xlsx', 'Sheet1')
data
attr = data.环节
values = data.总体转化率
print(attr)
print(values)
```

数据表如图 2-10 所示。

	Unnamed: 0	环节	人数	占位数据	每环节转化率	总体转化率
0	0	总进件数	533	1	1.00	100
1	1	准入规则	531	131	0.99	99
2	2	黑名单	271	197	0.51	50
3	3	反欺诈规则	139	229	0.25	26
4	4	信用模型	74	266	0.53	13

图 2-10 数据表

打开 Jupyter Notebook，输入以下代码：

```
funnel1 = Funnel('总体转化漏斗图', title_pos='center')
funnel1.add(name='环节',  #指定图例名称，“环节”是总体转化漏斗图数据库
中的列名
          attr=attr,  #指定属性名称
          value=values,  #指定属性所对应的值
          is_label_show=True,  #确认显示标签
          label_formatter='{c}'+'%',  #指定标签显示的方式
          legend_top='bottom',    #指定图例位置
          #pyecharts 包的文档中指出，当 label_formatter='{d}'时，标
          签以百分比的形式显示
  label_pos='outside',  #指定标签的位置
          legend_orient='vertical',  #指定图例显示的方向
```

```
        legend_pos='right')  #指定图例的位置
funnel1.render()
```

生成漏斗图，如图 2-11 所示。

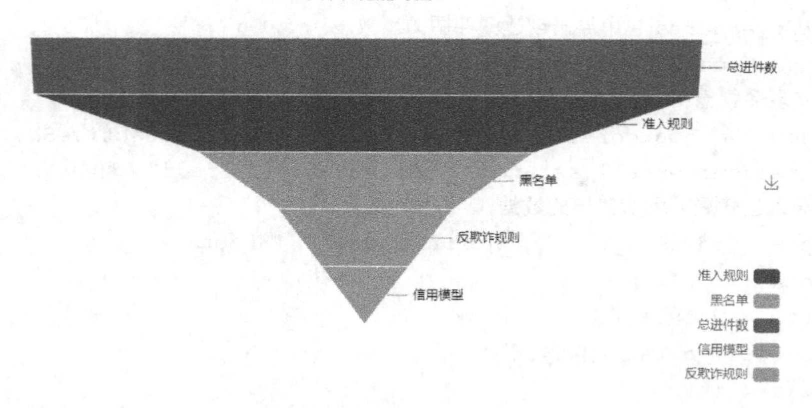

图 2-11　总体转化漏斗图

注意：Python 因为不同版本问题，常常出现无法识别命令的情况，这是在学习大数据可视化过程中常遇到的困扰。比如作者就曾经遇到过以下问题：ImportError: cannot import name 'Funnel' from 'pyecharts'。遇到这种情况，可以在卸载旧版本的 pyecharts 后，再装上新版本试一下。当然，在使用过程中，如果运行中出现 ImportError: cannot import name 'XX' from 'pyecharts'字样，均表明是版本不匹配，或没有安装相应版本。如果再安装一版 pyecharts 但仍不能成功，可参照以下语句重新安装：

```
pip uninstall pyecharts
pip install pyecharts-0.1.9.4-py2.py3-none-any.whl
pip install wheel
pip install xlrd
pip install pyecharts_snapshot
```

如果仍然不能成功，那就需要读者在网络上搜索相关的问题或寻求专业人士的帮助。

习题与作业

利用本章所讲代码，基于 loudou.xlsx 制作客户关系转化率的漏斗图。

第三章

气 泡 图

第一节 教学介绍与基本概念

1. 教学目标

了解气泡图的适用场景，学会制作气泡图。

2. 教学工具

能用 Python、FineReport 制作气泡图。

3. 数据库与资源

本章配套电子文件含有如下数据库或资源：
（1）数据库：2019 年 2 月销量 SUV.xlsx。
（2）数据库：2019 年 2 月销量 SUVnew.xlsx。
（3）数据库：汽车定位图.xlsx。
（4）数据库：热度图淘宝宝贝.xlsx。
（5）程序代码：第三章气泡图.ipynb。

4. 基本概念与命令

（1）基本概念

气泡图（Bubble Chart）可用于展示三个变量之间的关系。它与散点图类似，绘制时将一个变量放在横轴，另一个变量放在纵轴，而第三个变量则用气泡的大小来表示。

（2）特点

每个气泡的面积代表了所占的百分比，而图例代表了同类范围。使用气泡图便于在行、列两个方向同时进行比较，能清晰地显示大小区别，非常直观。

（3）场景

气泡图主要可用于各类监控场景中，如利用气泡图分析卖场产品的销售状况。

（4）主要命令

```
plt.scatter(data['第一维度'],data['第二维度'],s=size*n,alpha=
0.6)  #方框内内容可以替换成实际路径，data 为数据集名称
```

第二节　使用软件生成气泡图

第一步，下载 FineReport 模板设计器软件并完成安装，然后双击并打开，在如图 3-1 所示的界面中单击“文件”，选择“新建决策报表”。

图 3-1　打开软件

第二步，搜索在安装软件时自动生成的 reportlets 文件夹，在该文件夹下创建 Excel 文件，命名为“汽车定位图”，并建立数据表，如图 3-2 所示。

A	B	C	D
品牌	相对价格	相对质量	销量
丰田	30	40	50
宝马	60	50	70
福特	50	30	100
劳斯莱斯	100	100	10
拉达	10	10	30

图 3-2　数据表（部分）1

第三步，在报表设计器中，单击窗口左下方图标 + 下拉按钮，在打开的下拉菜单中选择“文件数据集”，如图 3-3 所示，新建文件数据集。

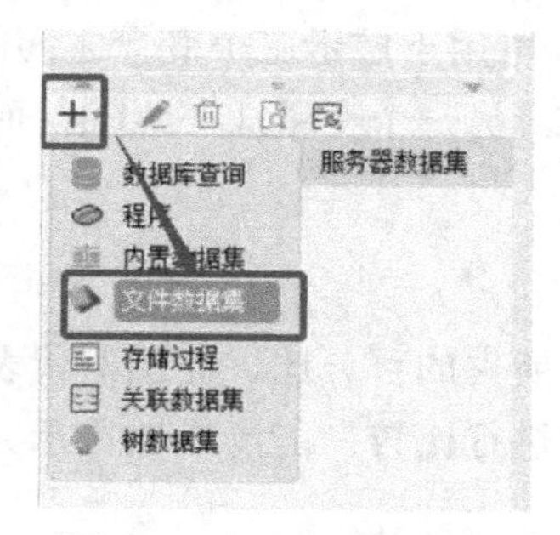

图 3-3　新建文件数据集

第四步，在弹出的对话框中导入 Excel 文件，“文件类型”选择 Excel，选择刚刚创建的 Excel 文件，如图 3-4 所示。

文件数据集
名字: File1
文件类型: Excel
文件地址
本地文件 reportlets/汽车定位图.xlsx 选择
URL: 测试连接
您可以键入${abc}作为一个参数，这里abc是参数的名称。例如:
reportlets/excel/FineReport${abc}.xls
http://192.168.100.120:8080/XXServer/Report/excel${abc}.jsp
设置
第一行包含列标题

图 3-4　上传数据库

第五步，在左侧的控制区域进行设置，把气泡图拖入编辑区域，如图 3-5 所示。

第六步，单击图 3-5 中的“编辑”按钮，在窗口右侧“控件设置”里进行设置，如图 3-6 所示。在“数据”设置中，选择数据集里选择刚创立的 File1。“系列名”选择“品牌”，“值”选择“销量”，如图 3-7 所示。此外还可以在“样式”中设置“新建图表标题”，在“特效”中设置“动画”等操作。

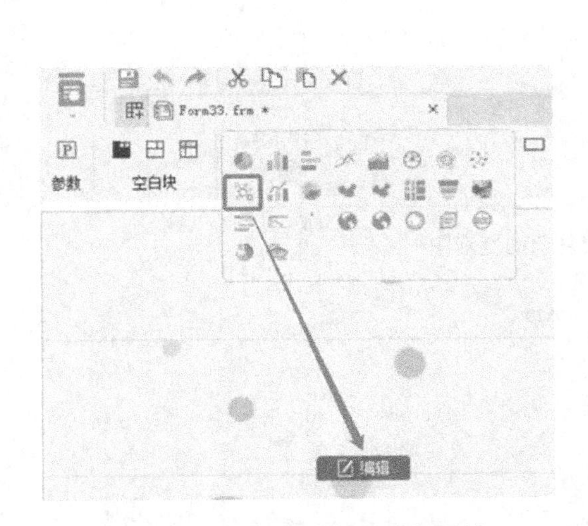

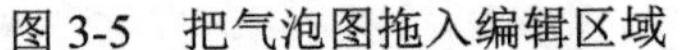
图 3-5　把气泡图拖入编辑区域

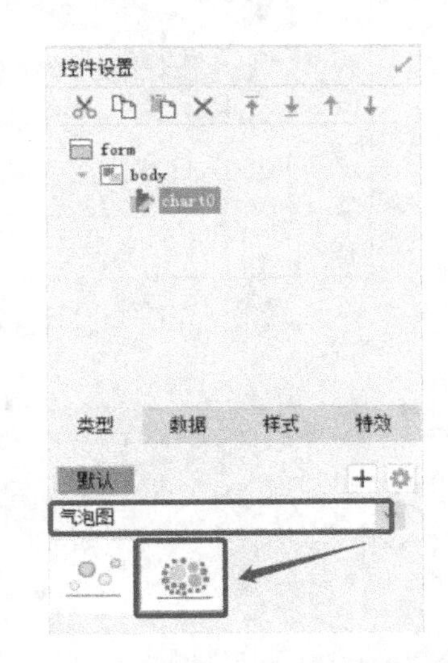

图 3-6　“控件设置”中的“类型”设置

第七步，单击菜单栏中的“预览”按钮（其图标为放大镜），在弹出的对话框里单击“保存”按钮，则自动弹出网页，出现气泡图，如图 3-8 所示。

如果是大数据，处理步骤同上，得到比较复杂的气泡图，如图 3-9 所示。

在以上操作步骤中，如果在“控件设置”对话框的“类型”中选择有坐标轴的气泡图模式，最终可以得到如图 3-10 所示的效果。

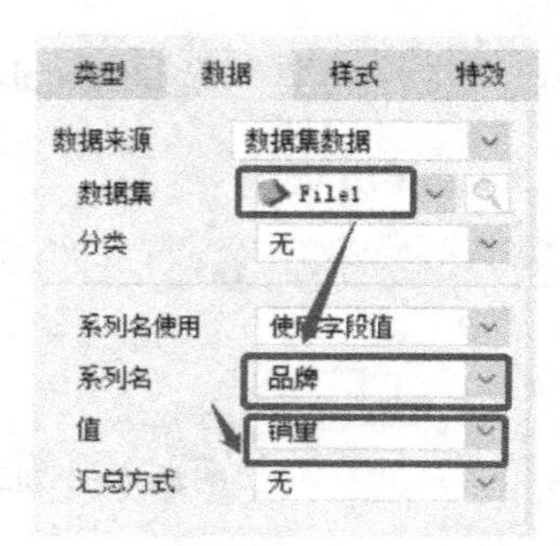

图 3-7 “控件设置”中的“数据”设置

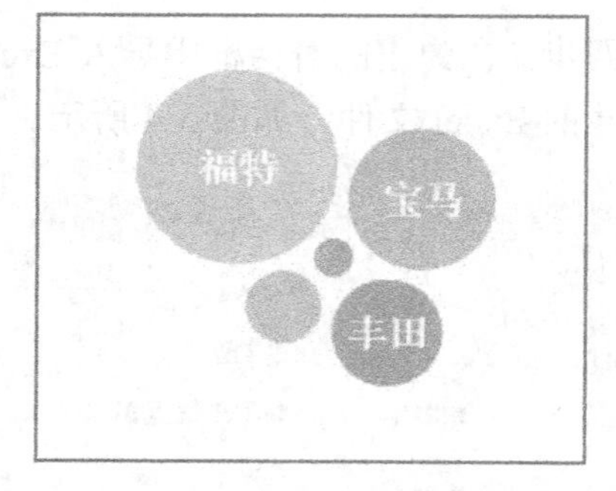

图 3-8 气泡图

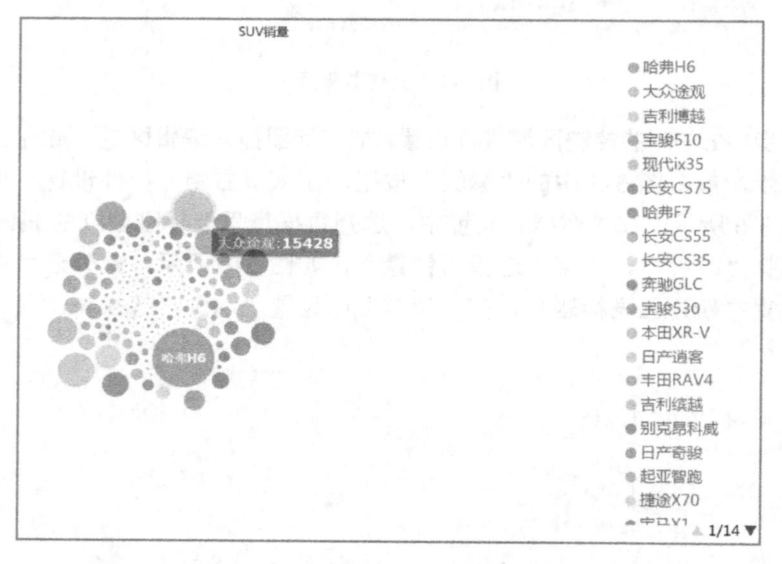

图 3-9 较复杂的气泡图

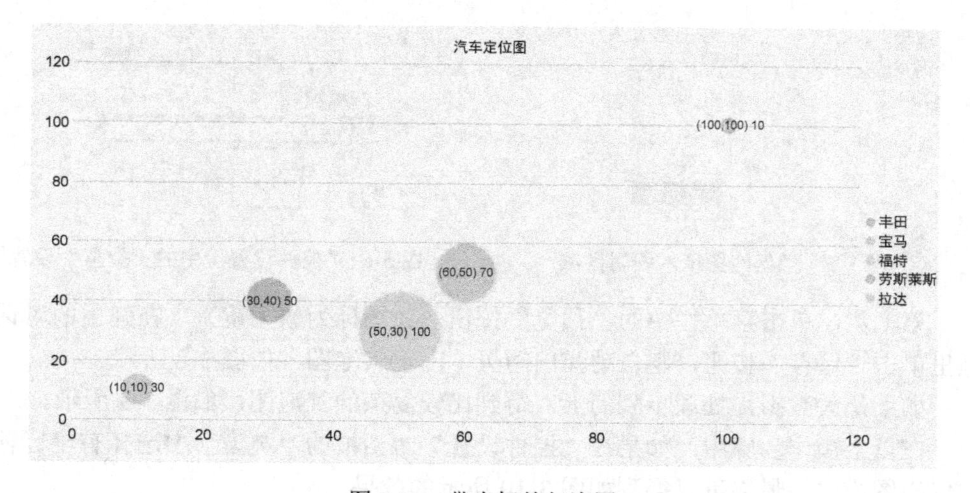

图 3-10 带坐标的气泡图

第三节 使用 Python 编程生成气泡图

第一步，按〈Windows+R〉组合键，在弹出的对话框中输入 cmd 并单击“确定”按钮，自动进入 C 盘根目录下，输入 jupyter notebook，打开 Jupyter Notebook，在窗口中输入以下语句：

```
Import pandas as pd
import matplotlib.pyplot as plt
plt.rcParams['font.sans-serif'] = ['SimHei']  #用来正常显示中文标签
plt.rcParams['axes.unicode_minus'] = False  #用来正常显示负号
data = pd.read_excel('G:\\book\\第三章气泡图\\2019 年 2 月销量
SUVnew.xlsx')  #读取数据
data.head()
```

数据表（部分）如图 3-11 所示。

	名次	汽车车型	分类	2月汽车销量
0	1	哈弗H6	1	25728
1	2	大众途观	1	15428
2	3	吉利博越	2	15013
3	4	宝骏510	3	12268
4	5	现代ix35	1	12178

图 3-11 数据表（部分）2

第二步，输入气泡图命令：

```
#先定义气泡大小，rank 函数可对气泡进行大小分配
#n 为倍数，用来调节气泡的大小
size=data['2 月汽车销量'].rank()
n=30
#开始做图
plt.scatter(data['汽车车型'],data['2 月汽车销量'],s=size*n, alpha=
0.6)
plt.xticks(rotation=90, fontsize=12)  #将横坐标竖排，防止重叠
plt.show()
```

输出气泡图如图 3-12 所示。

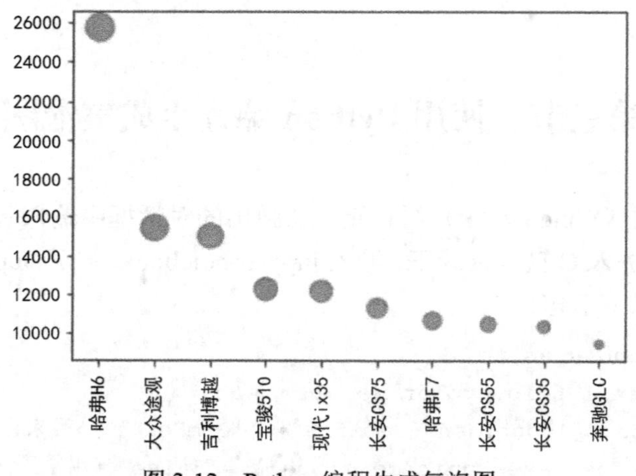

图 3-12 Python 编程生成气泡图

第三步，给气泡着色，输出如图 3-13 所示。

```
#定义一个字典，将颜色与对应的分类进行绑定
color={1:'red',2:'blue',3:'orange'}
#增加 color 的参数，用列表解析式将 data 分类中的每个数据的数字映射到前面
color 的颜色中
plt.scatter(data['汽车车型'],data['2 月汽车销量'],color=[color[i]
for i in data['分类']],s=size*n,alpha=0.6)
plt.xticks(rotation=90, fontsize=12)  #将横坐标竖排，防止重叠
plt.show()
```

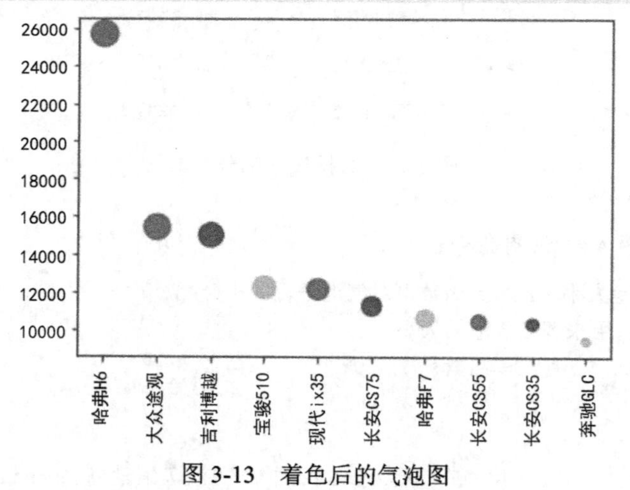

图 3-13 着色后的气泡图

习题与作业

利用本章知识，对本班学生的一门成绩制作气泡图。

第四章 饼图

第一节　教学介绍与基本概念

1. 教学目标

利用常用的工具与软件制作饼图；利用大数据软件生成饼图。

2. 教学工具

Excel、Python 等软件工具。

3. 数据库与资源

本章配套电子文件含有如下数据库或资源：
（1）数据库：bike(汇总分数后).xlsx。
（2）数据库：bikedata1.csv。
（3）数据库：boss_zhipin.xls。
（4）编程代码：第四章饼图.ipynb。

4. 基本概念与命令

（1）基本概念

饼图英文名为 Pie Graph，是数据分析中最常用的可视化图形。饼图显示一个数据系列中各项的大小与所占比例。

（2）特点

饼图使构成与比例一目了然。饼图将一个圆划分为若干个扇形，每个扇形代表数据系列中的一项数据，其大小用来表示相应数据项占该数据系列总和的比例值。

（3）应用场景

饼图通常用来描述比例、构成等信息，如某企业各类产品销售额的构成、某单位各类人员的组成等。

（4）主要命令

复杂饼图的 Python 命令如下：

```
scale_part= data['×××'].value_counts()
pic,axes = plt.subplots(1,1)
scale_part.plot(kind='pie',autopct='%.2f%%',radius=2,fontsize=14)
```

简单饼图的 Python 命令如下：

```
data['××'].plot.pie()
plt.show()
```

第二节　使用 Excel 制作饼图

第一步，在 Excel 中打开“bike(汇总分数后).xlsx”，部分数据表内容如图 4-1 所示。A 列表示时间（小时数），用 hour 表示；B 列表示频数，用 count 表示。

第二步，选中 count 列。

第三步，在 Excel 菜单栏中，单击“插入”→“饼图”。

第四步，输出结果，如图 4-2 所示。

	A	B
1	hour	count
2	0	20396
3	1	12415
4	2	8100
5	3	3930
6	4	2274
7	5	8277
8	6	32810
9	7	92002
10	8	155258
11	9	86825
12	10	58683

图 4-1　数据表（部分）

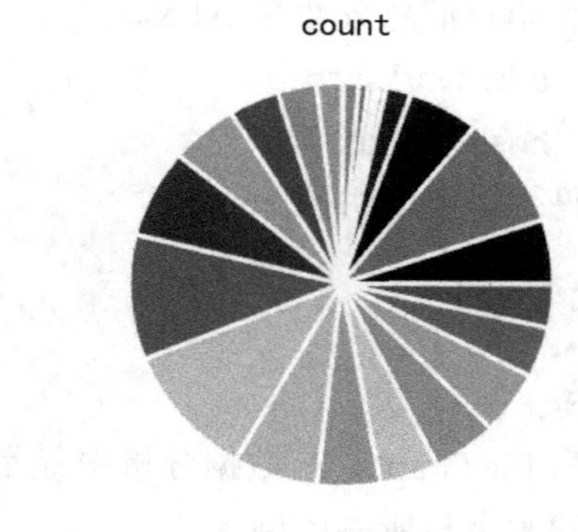

图 4-2　用 Excel 制作的饼图

第三节　使用 Python 语言制作饼图

打开 Jupyter Notebook，输入以下代码：

```
#饼图的代码
from matplotlib import pyplot as plt
plt.rcParams['font.sans-serif']=['SimHei']  #解决中文乱码
plt.figure(figsize=(6,9))  #调节图形大小
labels = ['中国','美国','英国','其他'] #定义饼图外面的文字标签
sizes = [300,200,100,50]  #每块的大小取值
colors = ['red','yellowgreen','lightskyblue','yellow']  #每块颜色定义
explode = (0,0,0,0)  #将某一块分割出来，值越大分割出的间隙越大
patches,text1,text2 = plt.pie(sizes,explode=explode,labels=labels,
colors=colors,
                    autopct = '%.2f%%',  #输出保留小数2位
                              shadow = False,  #无阴影设置
                              startangle =90,  #逆时针起始角度设置
                              pctdistance = 0.6)  #数值距圆心半径倍数距离
#patches饼图的返回值，texts1为饼图外label的文本，texts2为饼图内部的文本
plt.title('各国占比图', bbox={'facecolor':'0.8', 'pad':5})  #图的名称
plt.axis('equal')  #x、y轴刻度设置一致，保证饼图为圆形
plt.show()
```

输出结果如图 4-3 所示。

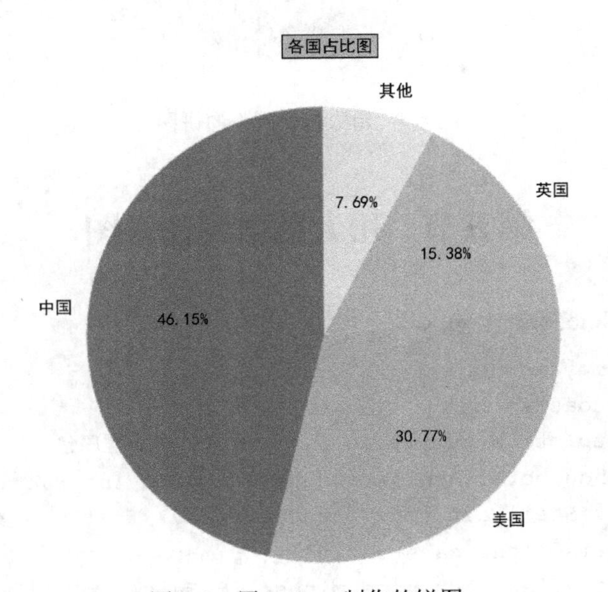

图 4-3　用 Python 制作的饼图

第四节　输入数据制作饼图

第一步，打开 Jupyter Notebook。

第二步，载入常用的程序包。

第三步，读入数据：

```
bike = pd.read_excel('..\\bike(汇总分数后).xlsx')
```

第四步，制作饼图，得到的饼图如图 4-4 所示。

```
bike['hour'].plot.pie()
plt.show()
```

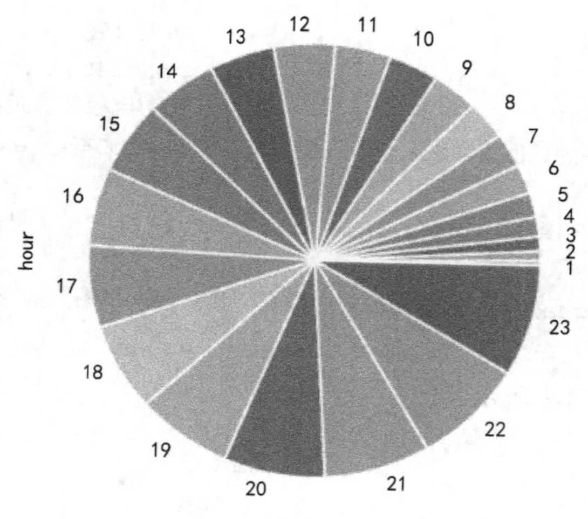

图 4-4　用数据表制作的饼图

第五节　用大数据制作饼图

在 Jupyter Notebook 中输入以下代码：

```
import numpy as np
import pandas as pd
import matplotlib.pyplot as plt  #输入需要的程序包
from IPython.core.interactiveshell import InteractiveShell
InteractiveShell.ast_node_interactivity = "all"  #多行输出
plt.rcParams['font.sans-serif']=['SimHei']
plt.rcParams['axes.unicode_minus'] = False  #中文与负号的正确显示
data = pd.read_excel(r'..\\boss_zhipin.xls',sheet_name='boss_
```

```
res')  #读入数据库
data.head()  #显示数据库的前 5 行
#饼图的制作
scale_part= data['scale'].value_counts()
pic,axes = plt.subplots(1,1)
scale_part.plot(kind='pie',autopct='%.2f%%',radius=2,fontsize=14)
```

输出结果如图 4-5 所示。

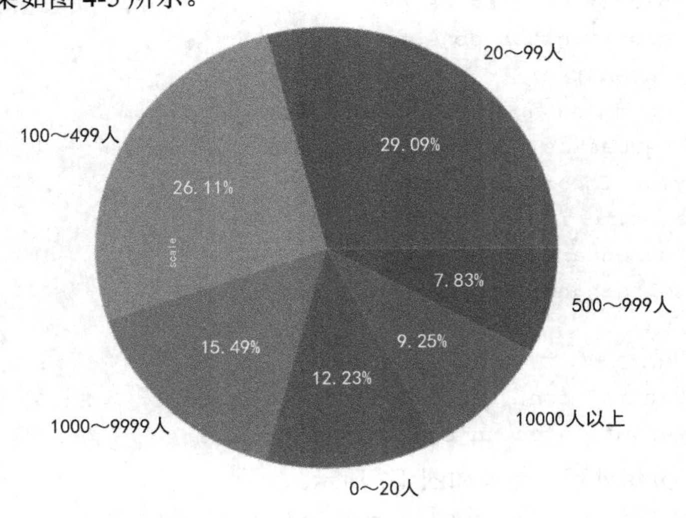

图 4-5　用大数据制作的饼图

第六节　用汇总频数制作饼图

第一步，打开 Jupyter Notebook，读入数据库，数据表（部分）如图 4-6 所示。

```
bikedata = pd.read_csv('..\\bikedata1.csv')
bikedata
```

	season	holiday	workingday	casual	registered	count	hour	date	weekday	month
0	spring	0	0	3	13	16	0	2011/1/1	Saturday	January
1	spring	0	0	8	32	40	1	2011/1/1	Saturday	January
2	spring	0	0	5	27	32	2	2011/1/1	Saturday	January
3	spring	0	0	3	10	13	3	2011/1/1	Saturday	January
4	spring	0	0	0	1	1	4	2011/1/1	Saturday	January
...	...	...	...	...	...	...	...	...	...	...
10881	winter	0	1	7	329	336	19	2012/12/19	Wednesday	December
10882	winter	0	1	10	231	241	20	2012/12/19	Wednesday	December
10883	winter	0	1	4	164	168	21	2012/12/19	Wednesday	December
10884	winter	0	1	12	117	129	22	2012/12/19	Wednesday	December
10885	winter	0	1	4	84	88	23	2012/12/19	Wednesday	December

10886 rows × 10 columns

图 4-6　bikedata1 数据表（部分）

第二步，载入可能用的程序包，如果没有该库，利用“pip install 库名”进行安装。

```
import seaborn as sns
import matplotlib.pyplot as plt
import plotly
import plotly.offline as py
import plotly.express as px
import plotly.graph_objects as go
import dateparser
import numpy as np  #导入 numpy 并重命名为 np
import pandas as pd  #导入 pandas 并重命名为 pd
from pylab import mpl
from datetime import datetime
import calendar
import missingno
import ax
#中文乱码的处理
plt.rcParams['font.sans-serif'] =['Microsoft YaHei']
plt.rcParams['axes.unicode_minus'] = False
```

第三步，分组处理，结果如图 4-7 所示。

```
#以 bikedata 中的 hour 列作为依据，做分组处理
grouped = bikedata.groupby(bikedata['hour'])
#对分组数据进行统计求和
grouped_sum = grouped.sum()
grouped_sum
```

	holiday	workingday	casual	registered	count	se
hour						
0	13	310	4692	20396	25088	
1	13	309	2957	12415	15372	
2	13	305	2159	8100	10259	
3	12	289	1161	3930	5091	
4	13	297	558	2274	2832	
5	13	310	658	8277	8935	
6	13	310	1888	32810	34698	
7	13	310	4966	92002	96968	
8	13	310	9802	155258	165060	
9	13	310	14085	86825	100910	
10	13	310	20984	58683	79667	

图 4-7　数据分组

第四步，制作分组后的饼图，输出如图 4-8 所示。

```
fig,axes = plt.subplots()
grouped_sum['count'].plot(kind='pie',ax=axes,autopct='%.2f%%')
# autopct 参数的作用是指定饼图中数据标签的显示方式；'%.2f%%'表示数据标签的格式是保留两位小数的百分数
axes.set_aspect('equal')  #设置饼图的纵横比相等
axes.set_title('Sum of count grouped by hour')
fig.savefig('..\\pie1.png')
```

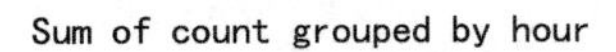

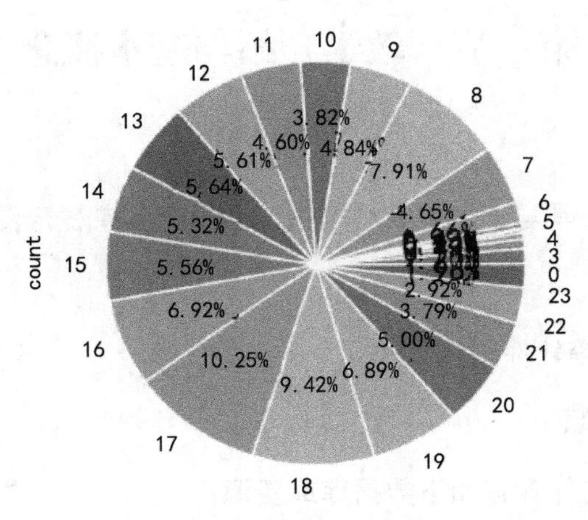

图 4-8　用汇总频数制作的饼图

习题与作业

通过百度搜索，下载一个已经建好的大数据库样本，利用本章提供的大数据分析软件，对数据库中的某一列进行饼图分析。

第五章

柱 形 图

第一节　教学介绍与基本概念

1. 教学目标

会利用常用的工具与软件生成柱形图，并学会复杂柱形图的制作方法。

2. 教学工具

Excel、Python 等软件工具。

3. 数据库与资源

本章配套电子文件含有如下数据库或资源：

（1）数据库：hr.xls。

（2）数据库：bikedata1.csv。

（3）代码编程：第五章柱形图.ipynb。

4. 基本概念与命令

（1）基本概念

柱形图英文名为 Bar Chart。同饼图一样，柱形图是数据分析中最常用的可视化图形之一。柱形图可用来比较两个及两个以上可比较对象的数值大小。柱形图的二维图也叫直方图（Histogram）是一种对数据分布情况的图形表示，是一种二维统计图表，它的两个坐标分别是统计样本和该样本对应的某个属性的度量。

（2）特点

柱形图能让大家一眼看出各个数据的大小，易于比较数据之间的差别，能清楚地展示出数量的多少。

（3）应用场景

在统计不同组成部分的数量时，用柱形图非常直观，通过柱形图能够看出不同组成部分的分布状态，判断其总体分布情况。

（4）主要命令

1）柱形图 plot 命令：

```
ser.plot(kind='bar',ax=a,width=0.8,color='gold',label='各城市平
均工资')  #方框内为可替换部分，下同。
```

2）柱形图 sns 命令：

```
grid = sns.FacetGrid(data=bikedata,size=8,aspect=1.5)
grid.map(sns.barplot,'month','count', palette='deep',ci=None)
#deep 表示显示的颜色不同
grid.add_legend()
plt.show()
#注：方框内的命令可根据实际数据库或变量完成替代，下同。
```

第二节 大数据柱形图

第一步，打开 Jupyter Notebook，输入以下语句，输入数据并进行处理。此处用到的 hr.xlx 文件是一个招聘信息数据表。

```
import numpy as np
import pandas as pd
import matplotlib.pyplot as plt  #输入需要的程序包
from IPython.core.interactiveshell import InteractiveShell
InteractiveShell.ast_node_interactivity = "all"  #多行输出
plt.rcParams['font.sans-serif']=['SimHei']
plt.rcParams['axes.unicode_minus'] = False  #中文与负号的正确显示
data = pd.read_excel(r'..'\\hr.xls',sheet_name='boss_res')  #读
入数据库
#将 id 列设为索引
data1 = data.set_index('id')
data1.info()
#去除是实习工作的行，只保留全职工作
drop_lt = data1[data1['full_time']=='否'].index
data2 = data1.drop(drop_lt,axis=0)  #axis=0 代表按行向下执行
data2.info()  #删除后还剩 4011 行，一共删除了 76 行
```

第二步，制作柱形图。

```
#增加平均年薪列
data2['salary_max']=data2['salary_max'].astype('int64')
data2['salary_year_avg'] = ((data2['salary_min']+data2['salary_
```

```
max'])/2)*data2['month']
data2['salary_avg'] = data2['salary_year_avg']/12  #增加月平均工资列
data2.head()
#工资的中位数为 8000 元（在表中表示为 8k），最低工资 15000 元（15k），最高工资 95000 元（95k）
data2[data2['salary_avg'].isin([1.5,95])]  #isin 判断是否在某区间，如果是则为 true
#多数工资为 6000～11000 元，其次为 3000～6000 元
fig,ax = plt.subplots(1,1,figsize=(8,6))
ax.hist(data2['salary_avg'],bins=20,density=True)
#做柱形图，按 20 个柱、以密度的形式展示
ax.set_xticks(range(5,100,5))
ax.grid(True)
plt.show()
```

输出结果如图 5-1 所示。

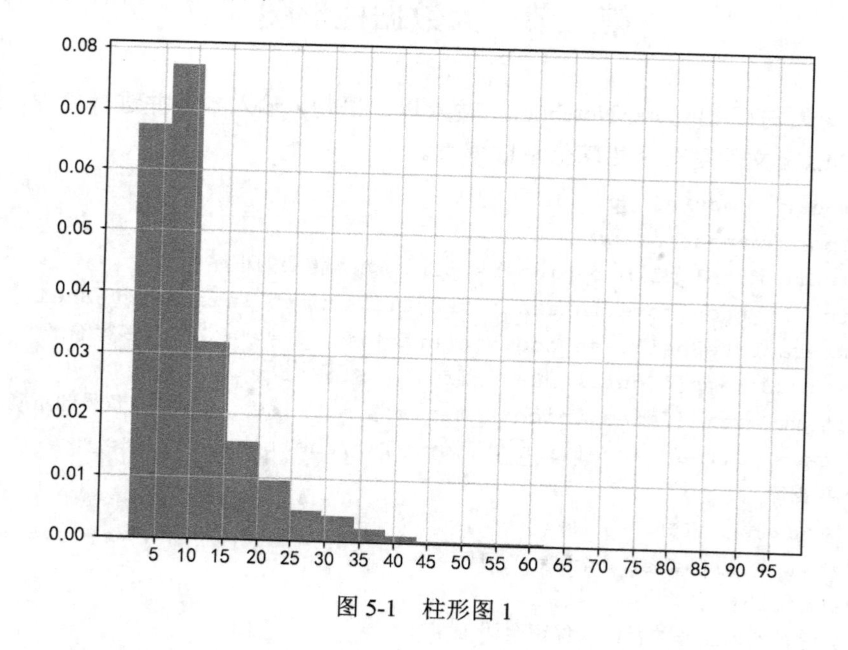

图 5-1　柱形图 1

第三节　平均线

第一步，打开 Jupyter Notebook，继续在窗口中进行数据输入与处理。

第二步，输入以下代码：

```
#增加平均年薪列
```

```
data2['salary_max']=data2['salary_max'].astype('int64')
data2['salary_year_avg'] = ((data2['salary_min']+data2['salary_
max'])/2)*data2['month']
data2['salary_avg'] = data2['salary_year_avg']/12  #增加平均工资列
#显示所有列
pd.set_option('display.max_columns', None)
#显示所有行
pd.set_option('display.max_rows', None)
data2.head()
data.head()  #显示前 5 行
data.city.value_counts()  #不同城市的工资情况
ser = data2.groupby('city')['salary_avg'].median()
fig,a = plt.subplots(1,1,figsize=(12,6))
ser.plot(kind='bar',ax=a,width=0.8,color='gold')
```

数据表输出如图 5-2 所示，柱形图如图 5-3 所示。

id	job_title	experience	education	company_name	industry	situation	scale	city	area	salary_min	salary_max	full_time	month	salary_year_avg	salary_avg
1	数据分析	1年以内	本科	提越联合	互联网	不需要融资	1000-9999人	北京	东城区	6	10	是	12	96.0	8.0
2	数据分析师	1-3年	大专	小泽文化	培训机构	未融资	500-999人	北京	NaN	8	12	是	12	120.0	10.0
3	数据分析师（项目管理方向）	1-3年	本科	北京博万管理咨询	汽车生产	A轮	100-499人	北京	NaN	6	8	是	12	84.0	7.0
4	商业化数据分析师	经验不限	本科	茄子快传	互联网	B轮	100-499人	北京	海淀区	15	30	是	12	270.0	22.5
5	数据分析师（车贷业务）	1-3年	本科	北京恒昌利通	互联网金融	未融资	10000人以上	北京	朝阳区	9	14	是	12	138.0	11.5

图 5-2 数据表前 5 行

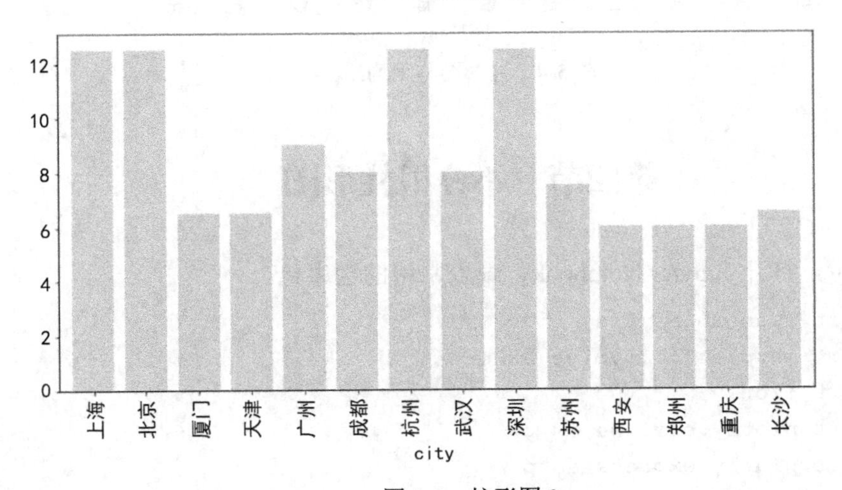

图 5-3 柱形图 2

第三步，画出平均线。

```
data2.city.value_counts()  #不同城市的工资情况
ser = data2.groupby('city')['salary_avg'].median()
fig,a = plt.subplots(1,1,figsize=(12,6))
ser.plot(kind='bar',ax=a,width=0.8,color='gold',label='各城市平均工资')  #柱形图的制作
a.plot(ser.index,np.array(np.random.randint(8,9,14)),linestyle='--',label='全国平均工资')
#由 np.random.randint(8,9,14))产生随机数为 array([8, 8, 8, 8, 8, 8, 8, 8, 8, 8, 8, 8, 8, 8])
plt.legend(loc='best')  #各城市的平均工资都高于 6000 元,其中高于全国平均线的为北京、上海、杭州、深圳、广州
```

柱形图和平均线如图 5-4 所示。

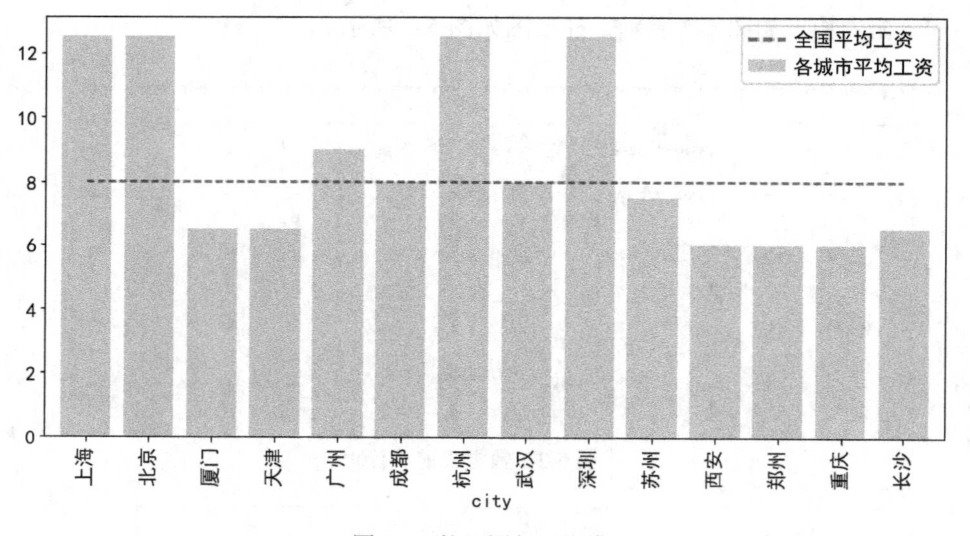

图 5-4　柱形图与平均线

第四节　不分组柱形图

第一步，打开 Jupyter Notebook，载入常用的程序包。

```
import seaborn as sns
import matplotlib.pyplot as plt
import plotly
import plotly.offline as py
import plotly.express as px
import plotly.graph_objects as go
```

```
import dateparser
import numpy as np  #导入 numpy 并重命名为 np
import pandas as pd  #导入 pandas 并重命名为 pd
from pylab import mpl
from datetime import datetime
import calendar
import missingno
import ax
#中文乱码的处理
plt.rcParams['font.sans-serif'] =['Microsoft YaHei']
plt.rcParams['axes.unicode_minus'] = False
```

第二步，载入数据。

```
bikedata = pd.read_csv('..\\bikedata1.csv')
bikedata.head()
```

第三步，输入命令：

```
grid = sns.FacetGrid(data=bikedata,size=8,aspect=1.5)
grid.map(sns.barplot,'month','count',palette='deep',ci=None)
grid.add_legend()
plt.show()
```

第四步，输出柱形图，如图 5-5 所示。

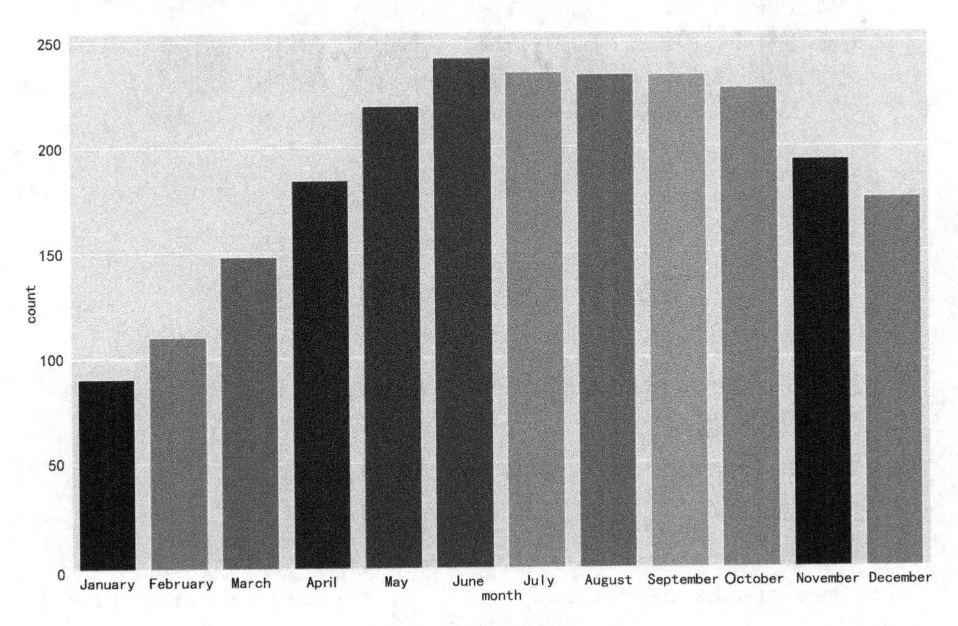

图 5-5　柱形图 3

第五节　简单分组柱形图

第一步，打开 Jupyter Notebook，载入常用的程序包。

第二步，载入数据。

继续载入数据库“bikedata1.csv”，操作步骤同上。

第三步，输入命令。

```
grid = sns.FacetGrid(data=bikedata,size=3,aspect=2)
grid.map(sns.barplot,'weekday','count','holiday',palette='deep',
ci=None)
#sns.barplot 是表示柱形图的命令，完整命令是：数据库.map(sns.barplot,
x,y,分组值,palette='deep',ci=None)
#'weekday','count','holiday'分别表示 x,y,分组数值
grid.add_legend()
```

第四步，输出柱形图，如图 5-6 所示。

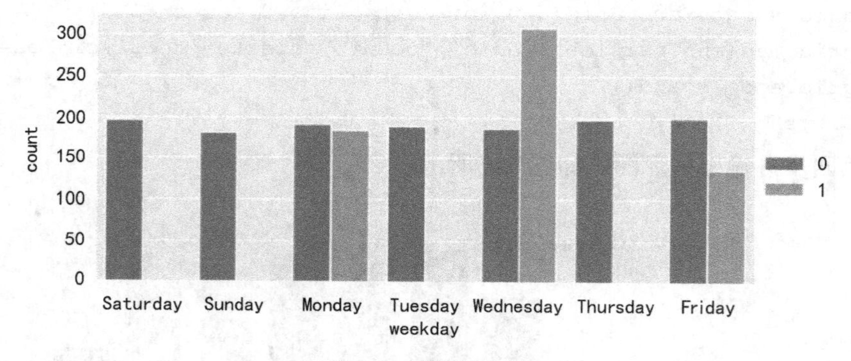

图 5-6　柱形图 4

第六节　复杂分组柱形图

第一步，打开 Jupyter Notebook，载入常用的程序包。

第二步，载入数据。

载入数据库“bikedata1.csv”，具体方法见本章第四节。

第三步，输入命令。

```
grid = sns.FacetGrid(data=bikedata,size=3,aspect=2)
grid.map(sns.barplot,'hour','count','holiday',palette='deep',ci
=None)
grid.add_legend()
```

第四步，输出复杂分组柱形图，如图 5-7 所示。

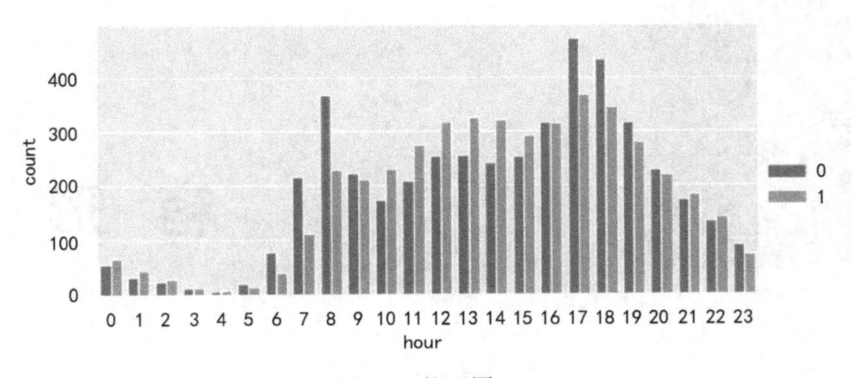

图 5-7 柱形图 5

习题与作业

从网上下载各大汽车生产厂商最近一年的年产量数值，并用柱形图展示。

第六章 箱形图

第一节 教学介绍与基本概念

1. 教学目标

利用大数据分析工具，掌握箱形图的制作分析方法。

2. 教学工具

Python、Jupyter Notebook。

3. 数据库与资源

本章配套电子文件含有如下数据库或资源：
（1）数据库：bikedata1.csv。
（2）编程代码：第六章箱形图.ipynb。

4. 基本概念与命令

（1）基本概念

箱形图的概念图如图 6-1 所示。

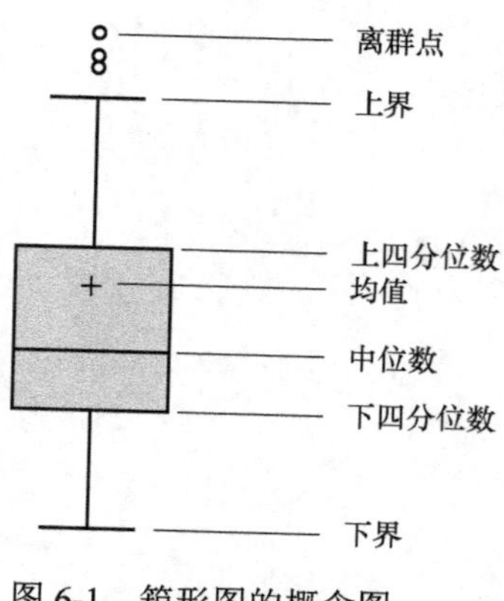

图 6-1 箱形图的概念图

1）下四分位数 Q_1：确定四分位数的位置。Q_i 所在位置=$i(n+1)/4$，其中 i=1，2，3，…，n 表示，n 为序列中包含的项数。根据位置，计算相应的四分位数。

2）中位数（第二个四分位数）Q_2：将一组数由小到大排列时，处于中间位置的数的数值。

3）上四分位数 Q_3：计算方法参考下四分位数。

4）上界：上界是非异常范围内的最大值。

5）下界：下限是非异常范围内的最小值。

6）离群点：超出上界或下界范围的数值。

7）均值：数学平均值。

（2）特点

箱形图形状像箱子，是常用的统计图，能提供有关数据位置和分散情况的关键信息，尤其在比较不同数据时更可表现其差异。

（3）应用场景

箱形图用作统计时可一眼看出均值、最大值、最小值、中位数与异常值。例如用作成绩统计时，可以用箱形图来展示所有学生的成绩数据和分布情况。

（4）主要命令

```
#绘制箱型图
sns.boxplot(data=bikedata, x='season', y='count')  #方框内为可替换的内容
```

第二节　大数据单个箱形图

第一步，打开 Jupyter Notebook，载入常用的程序包。

```
import seaborn as sn
import matplotlib.pyplot as plt
import plotly
import plotly.offline as py
import plotly.express as px
import plotly.graph_objects as go
import dateparser
import numpy as np  #导入numpy并重命名为np
import pandas as pd  #导入pandas并重命名为pd
from pylab import mpl
from datetime import datetime
import calendar
```

```
import missingno
import ax
#中文乱码的处理
plt.rcParams['font.sans-serif'] =['Microsoft YaHei']
plt.rcParams['axes.unicode_minus'] = False
```

第二步，载入数据。

```
bikedata = pd.read_csv('..\\bikedata1.csv')
bikedata.head()
```

第三步，输入命令。

```
fig, axes = plt.subplots()
fig.set_size_inches(12, 12)  #设置大小，单位：英寸
#绘制箱形图
sns.boxplot(data=bikedata, x='season', y='count')
#设置横坐标、纵坐标、标题
axes.set(ylabel="骑行人数", xlabel="季节", title="各季节骑行人数")
plt.show()  #显示图片
```

运行结果如图 6-2 所示。

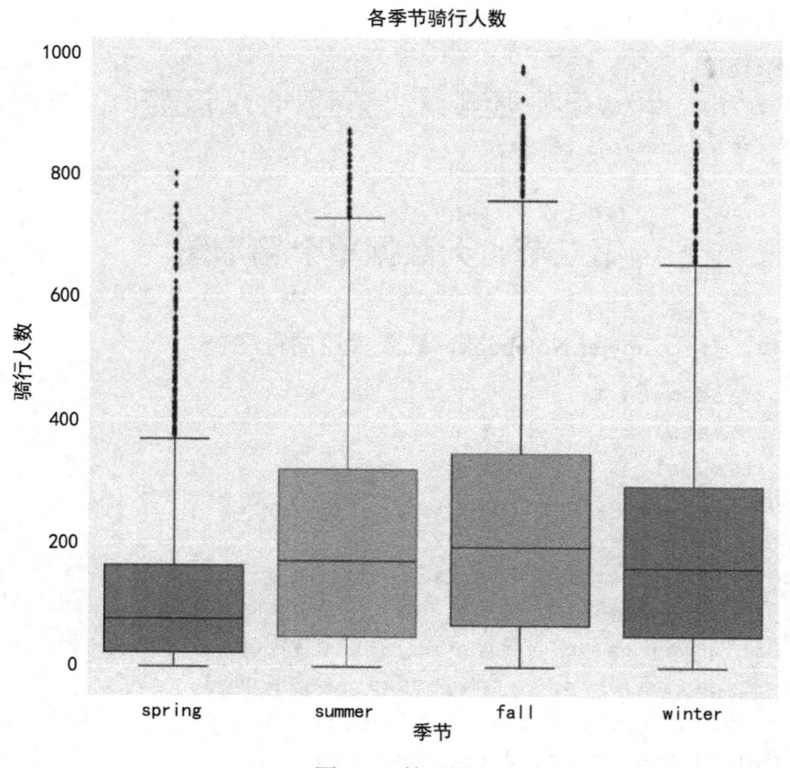

图 6-2　箱形图

第三节　大数据多个箱形图

本章分析的自行车骑行人数数据，还可以按不同因素分类，从而制作出多个箱形图。其他操作同第二节，命令窗口设置不同，输入命令如下：

```
fig, axes = plt.subplots(nrows=2, ncols=2)
fig.set_size_inches(12, 12)  #重设大小，单位：英寸
#绘制箱形图
sn.boxplot(data=bikedata,y='count',orient='v',ax=axes[0][0])
sn.boxplot(data=bikedata,x='season',y='count',orient='v',ax=
axes[0][1])
sn.boxplot(data=bikedata,x='hour',y="count",orient='v',ax=
axes[1][0])
sn.boxplot(data=bikedata, x='workingday', y="count", orient='v',
ax=axes[1][1])
#设置横坐标、纵坐标、标题
axes[0][0].set(ylabel="骑行人数", title="骑行人数")
axes[0][1].set(ylabel="骑行人数", xlabel="季节", title="各季节骑行
人数")
axes[1][0].set(ylabel="骑行人数", xlabel="时间段", title="各时间段
骑行人数")
axes[1][1].set(ylabel="骑行人数", xlabel="是否工作日", title="工作
日和非工作日骑行人数")
plt.show()  #显示图片
```

输出的 4 个箱形图如图 6-3 所示。

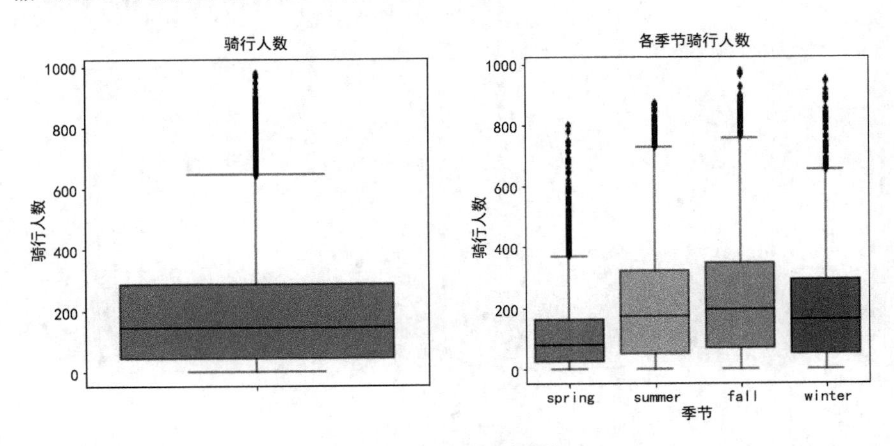

图 6-3　箱形图组图

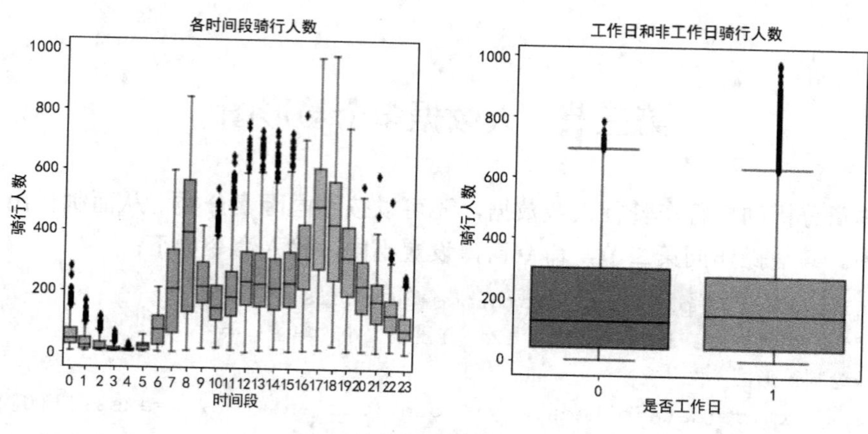

图 6-3　箱形图组图（续）

习题与作业

利用本章所提供的数据库，练习制作单个的各个时间段内骑行人数的箱形图。

第七章

仪表盘图

第一节　教学介绍与基本概念

1. 教学目标

（1）了解什么是商务仪表盘图及其应用场景。
（2）掌握商务仪表盘的画法。

2. 教学工具

亿图软件、FineReport 软件等。

3. 数据库与资源

本章配套电子文件含有如下数据库或资源：
（1）数据库：2019 年 2 月销量 SUV.xlsx。
（2）数据库：绘图仪表盘.xls。
（3）编程代码：第七章仪表盘图.ipynb。

4. 基本概念与命令

（1）基本概念

在大数据背景下，仪表盘图成为最流行的工具之一。仪表盘（Gauge）是一种拟物化的图表，在仪表盘图中，指针指向的位置是当前的数值。这种图表实质上和直角坐标图没有区别，只是把原来的横轴画成了圆形，把横轴的值标度在圆周上，纵轴的值用颜色标志在圆上。数据对应值为“value”，根据指针位置进行识别。

（2）特点

需要注意的是，在仪表盘图中，指针所在位置明显分成四个区域，即低、中、高、极高四个区域。极高区域往往代表警戒，用红色表示；中间状态用绿色表示，表示正常。过低或过高的取值范围，都被认为是值得关注的领域。

（3）应用场景

在大数据屏幕墙上，不同的仪表盘并排在一起，哪些数据处于危险状态、正常状态或超速状态，均可以通过仪表盘一目了然。商业仪表盘主要是向用户展示分析信息和各项指标的；常用汽车的仪表盘用来标注是否在正常状态，是否达到了最佳状态，以及是否超过了红线。仪表盘图与车辆上的仪表盘是一样的形状。目前很多的管理报表或报告上都是用这种图，以直观地表现出某个指标的值，如项目进度或实际情况。仪表盘图可实时显示不同场景下的数据。

（4）主要命令

绘制仪表盘图的主要代码如下：

```
gauge=(
      Gauge()
      .add("", [("完成率", 70)])
      .set_global_opts(title_opts=opts.TitleOpts(title="Gauge-
       仪表盘"))
      )
```

第二节　亿图仪表盘

第一步，本书推荐使用亿图软件，下载该软件后，单击“仪表图”，可选用“圆形仪表”。界面如图 7-1 所示。

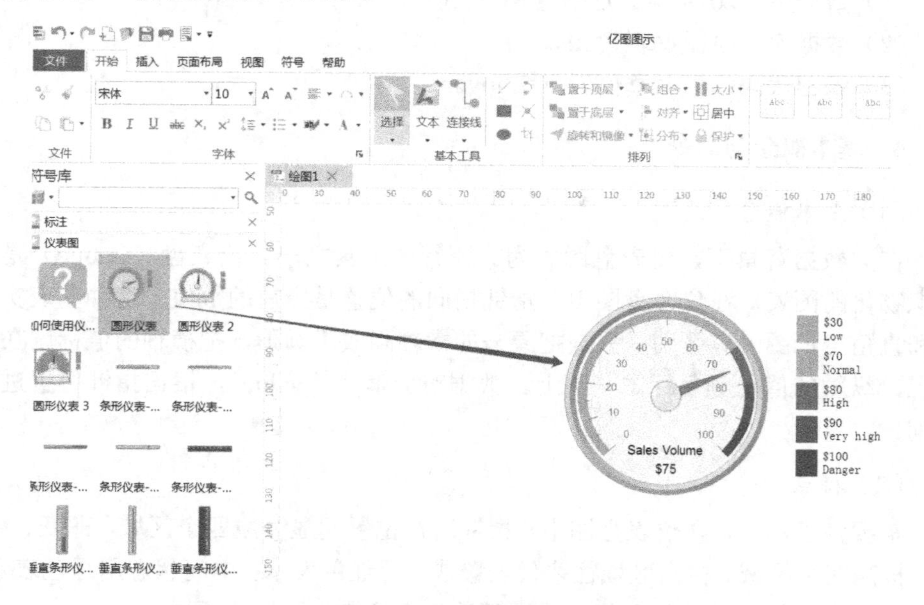

图 7-1　打开亿图软件

第二步，输入数据。单击仪表盘，出现“编辑图表数据。”字样，如图 7-2 所示。单击它，可进入图 7-3 所示的界面。

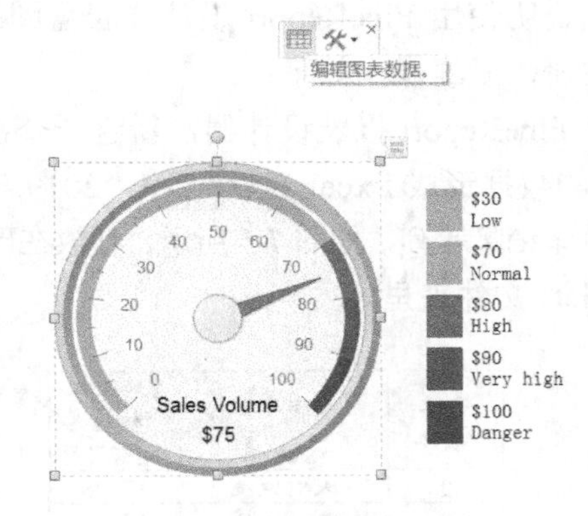

图 7-2　编辑图

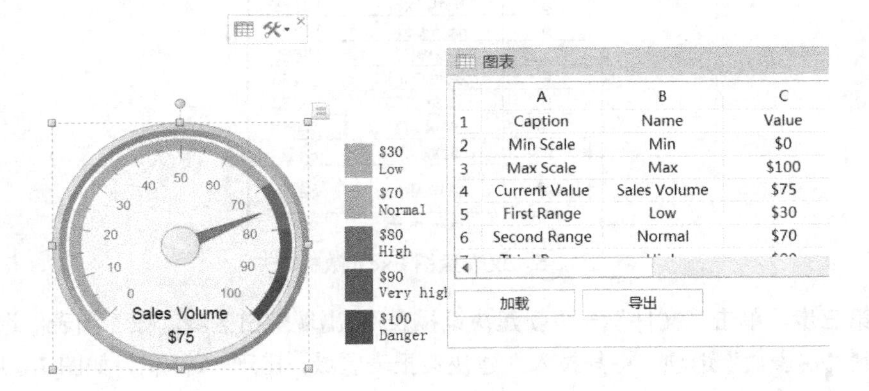

图 7-3　输入数据

第三步，数值输入。在数据表中，需要填写相应数据表格，包括最大值、最小值、各个等级以及当前值等。在图 7-3 所示界面右侧图表内分别输入需要的数值。数值也可由外部加载，也可导出。确认后则呈现出图 7-4 所示的常见商务仪表盘。

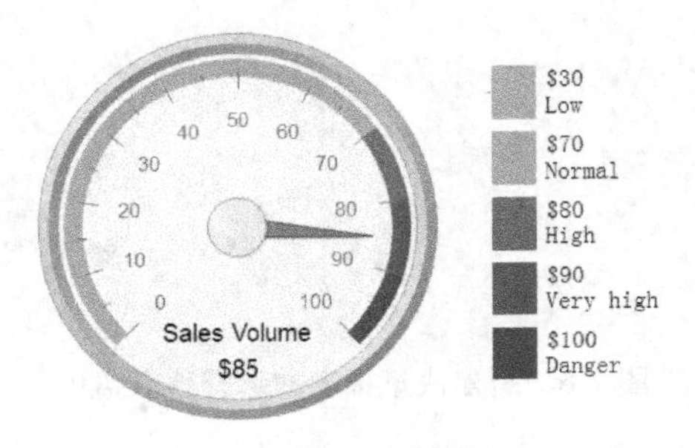

图 7-4　输出图

第三节　使用 FineReport 制作仪表盘图

下面利用一个实例说明使用 FineReport 设计仪表盘图的方法。在 FineReport 官网下载软件并安装注册，后续操作如下：

第一步，双击打开 FineReport 报表设计器，新建一个决策报表 File。

第二步，将采集到的数据形成 Excel 表，命名为“2019 年 2 月销量 SUV.xlsx”，包括名次、车型、2 月汽车销量等列，如图 7-5 所示，存放在硬盘目录中下 FineReport 安装目录下面的 reportlets 文件夹里。

	A	B	C
1	名次	汽车车型	2月汽车销量
2	1	哈弗H6	25728
3	2	大众途观	15428
4	3	吉利博越	15013
5	4	宝骏510	12268
6	5	现代ix35	12178
7	6	长安CS75	11297
8	7	哈弗F7	10665
9	8	长安CS55	10476
10	9	长安CS35	10353
11	10	奔驰GLC	9450
12	11	宝骏530	8448
13	12	本田XR-V	8429

图 7-5　仪表盘图 Excel 数据表

第三步，单击“文件”→“新建决策报表”，出现空白区域。在“图表”选项卡中找到“仪表盘”选项，将其拉入新建决策报表区域，出现“编辑”，如图 7-6 所示。

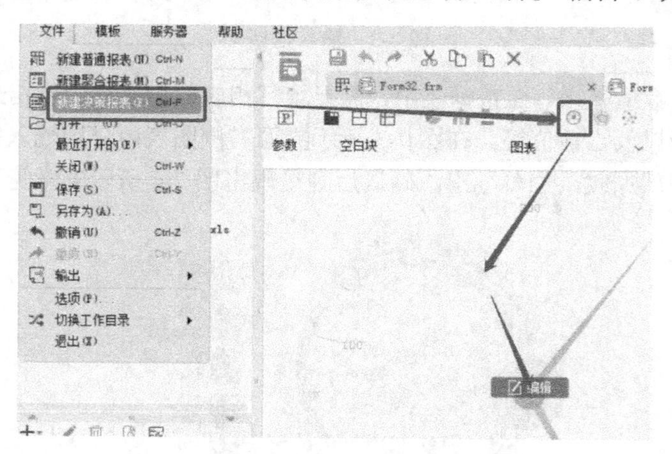

图 7-6　新建决策报表并选择仪表盘图

第四步，单击编辑区上的“编辑”二字后，界面右侧出现“控件设置”选项卡，如图 7-7 所示。再单击“数据”选项卡，在这个选项卡中（如图 7-8 所示），将“数据集”选择为“File2”，并对“系列名”“值”与 Excel 表头中的“汽车车型”“2 月汽车销量”相对应。

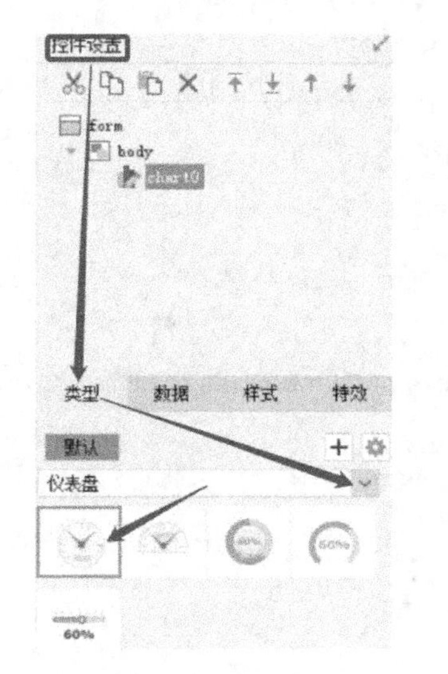

图 7-7　控件设置区

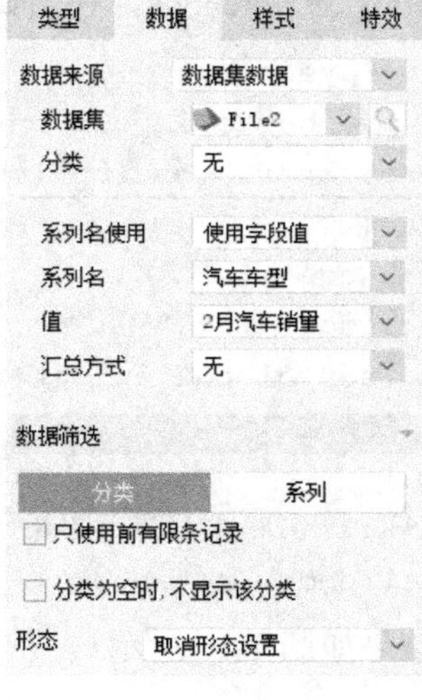

图 7-8　“数据”设置

第五步，对“控件设置”中的“样式”进行设置。其中设置“标题”为“汽车 SUV 销量”。在“值标签”的“通用”选项卡中，选中“系列名”与“值”复选框，如图 7-9 所示。

第六步，单击“预览”按钮（外形为放大镜），则可得仪表盘图，如图 7-10 所示。

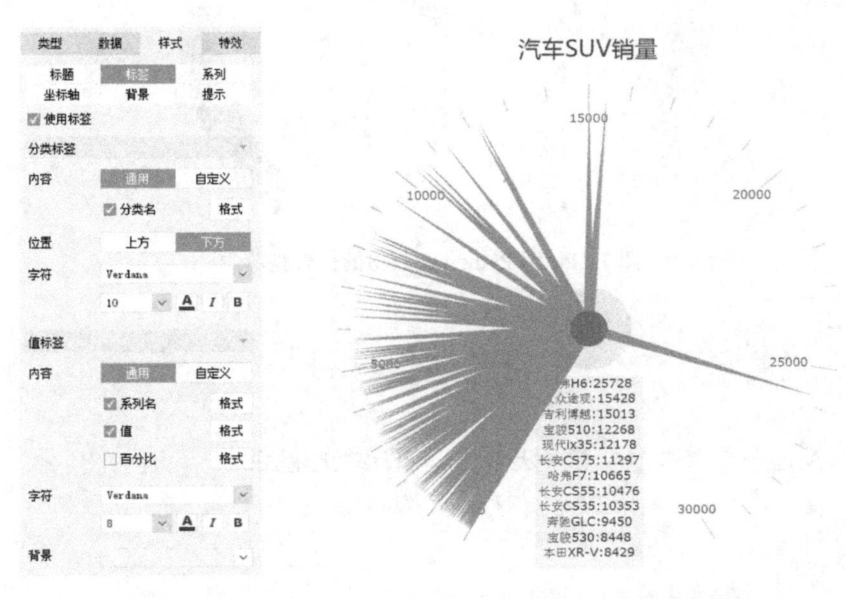

图 7-9　“样式”设置

图 7-10　仪表盘图

第四节　使用 Python 制作仪表盘图

打开 Jupyter Notebook，在窗口中输入以下代码：

```
import pyecharts
from pyecharts import options as opts
from pyecharts.charts import Gauge, Page
gauge=(
     Gauge()
     .add("", [("完成率", 70)])
     .set_global_opts(title_opts=opts.TitleOpts(title="Gauge-
     仪表盘"))
     )
#直接在 notebook 里显示图表
gauge.render_notebook()
```

输出结果如图 7-11 所示。

图 7-11　用 Python 绘制出的仪表盘图

习题与作业

参照最近一年“双 11”销量大数据，制作仪表盘图。

第八章　折线图

第一节　教学介绍与基本概念

1. 教学目标

了解折线图的定义；在大数据背景下，通过输入大数据，生成各种折线图。

2. 教学工具

Jupyter Notebook、Python、Excel。

3. 数据库与资源

本章配套电子文件含有如下数据库或资源：

（1）数据库：汽车行业走势数据.xls。

（2）数据库：BikeData.csv。

（3）数据库：bikedata1.csv。

（4）编程代码：第八章折线图-简单.ipynb。

（5）编程代码：第八章折线图复杂部分.ipynb。

4. 基本概念与命令

（1）主要概念

折线图是最常见的统计图之一。折线图是用一单位长度表示一定的数量，根据数量的多少描出各点，然后把各点用线段顺次连接起来形成的线条图。

（2）特点

折线图的特点是易于显示数据变化趋势以及变化幅度，可以直观地反映这种变化以及各组之间的差别。它不但可以表示出数量的多少,而且能够清楚地表示出数量增减变化的情况。

（3）应用场景

折线图通常应用于需要反映出数据变化趋势的场合。

（4）绘制折线图的主要命令

```
data.groupby('XX').XX.sum().plot()
```

第二节　使用 Excel 绘制折线图

折线图通常用于显示数据在一个连续的时间范围内的变化，它的特点是反映事物随时间或有序类别而变化的趋势。用 Excel 绘制折线图的步骤如下：

第一步，准备数据，本例数据取自本章配套文件中的“汽车行业走势数据.xls”，其内容如图 8-1 所示。

年度	中国汽车销量（百万辆）	全球汽车销量（百万辆）	中国占比
2001	2	56	4%
2002	3	59	5%
2003	4	61	7%
2004	5	64	8%
2005	6	66	9%
2006	7	69	10%
2007	8	73	11%
2008	9	71	13%
2009	14	61	23%
2010	18	72	25%
2011	18.5	76	24%
2012	19	81	23%
2013	20	84	24%
2014	23	87	26%
2015	25	90	28%
2016	28	94.9	30%
2017	28.8	96	30%
2018	28	92	30%
2019	25.8	90	29%

图 8-1　数据表 1

第二步，选定数据，单击“插入”→“图表”，在“推荐的图表”中选择第 2 项，如图 8-2 所示，单击“确定”按钮。

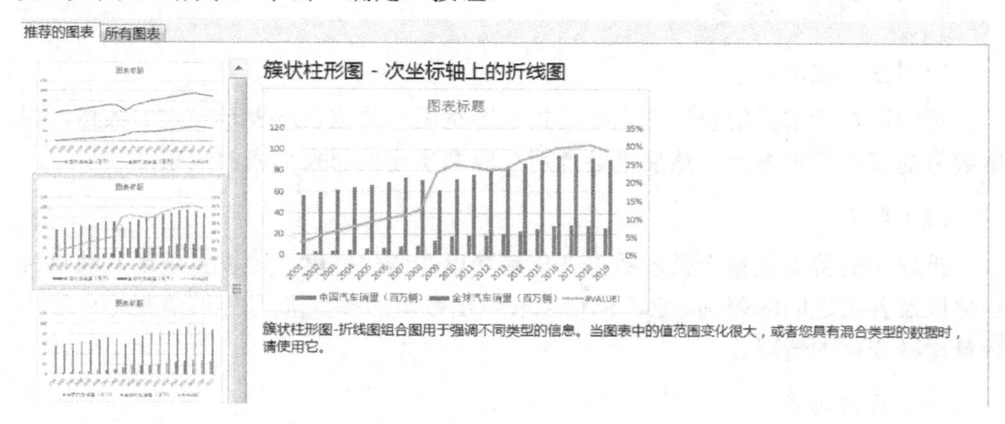

图 8-2　插入图

第三步，修改标题，得到如图 8-3 所示的折线图。

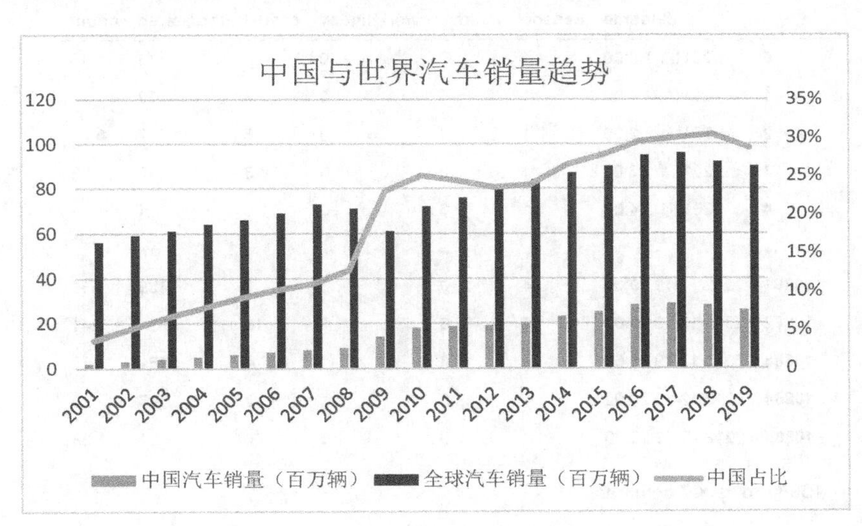

图 8-3　折线图 1

第三节　大数据简单折线图

本章采用的数据是关于自行车租用情况的数据，命名为 BikeData。其中代表变量如下：count（租车人数）；registered（注册用户数）；casual（随机用户或非注册用户数）；season（季节，分为四个季节）。在 Jupyter Notebook 环境下使用该数据表绘制折线图的步骤如下。

第一步，打开 Jupyter Notebook，在窗口中载入可能用的程序包，如果没有所用的库，如 pandas，利用“pip install 库名”进行安装。

```
import pandas as pd
import matplotlib.pyplot as plt
import plotly
import plotly.offline as py
import plotly.express as px
import plotly.graph_objects as go
import dateparser
```

第二步，读入数据，如图 8-4 所示。

```
bikedata = pd.read_csv('..\\BikeData.csv')
bikedata.head()
```

	datetime	season	holiday	workingday	casual	registered	count
0	2011/1/1 0:00	1	0	0	3	13	16
1	2011/1/1 1:00	1	0	0	8	32	40
2	2011/1/1 2:00	1	0	0	5	27	32
3	2011/1/1 3:00	1	0	0	3	10	13
4	2011/1/1 4:00	1	0	0	0	1	1
...	...	...	...	...	...	...	...
10881	2012/12/19 19:00	4	0	1	7	329	336
10882	2012/12/19 20:00	4	0	1	10	231	241
10883	2012/12/19 21:00	4	0	1	4	164	168
10884	2012/12/19 22:00	4	0	1	12	117	129
10885	2012/12/19 23:00	4	0	1	4	84	88

10886 rows × 7 columns

图 8-4　数据表 2

第三步，输出图形，如图 8-5 所示。

```
#拆分出“hour”，并添加这一列
bikedata['hour'] = bikedata.datetime.apply(lambda x: x.split()
[1].split(":")[0])  #对 datetime 列进行切片，位置是空格后面，且在“：”
前面，生成“hour”列
print(bikedata)
#按“hour”分组求和并形成图
bikedata.groupby('hour').registered.sum().plot()   #横坐标显示为
0～24
```

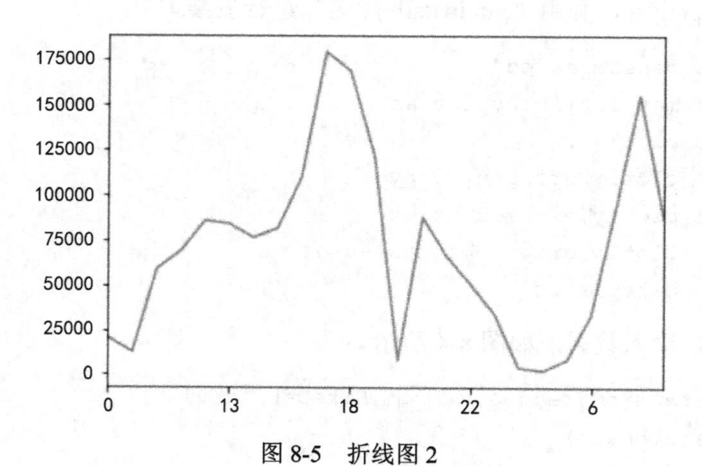

图 8-5　折线图 2

注：横轴上的“6”表示第二天六点。

第四节 大数据复杂折线图

第一步，打开 Jupyter Notebook，在窗口中载入程序包。

```
import seaborn as sns
import pandas as pd
import matplotlib.pyplot as plt
import plotly
import plotly.offline as py
import plotly.express as px
import plotly.graph_objects as go
import dateparser
import numpy as np  #导入 numpy 并重命名为 np
from pylab import mpl
from datetime import datetime
import calendar
import missingno
import ax
#实现多行输出
from IPython.core.interactiveshell import InteractiveShell
InteractiveShell.ast_node_interactivity = 'all'  #默认为'last'
#中文乱码的处理
plt.rcParams['font.sans-serif'] =['Microsoft YaHei']
plt.rcParams['axes.unicode_minus'] = False
```

第二步，载入数据。

```
bikedata = pd.read_csv('..\\bikedata1.csv')
bikedata
```

第三步，输入命令。

```
grid = sns.FacetGrid(data=bikedata,size=8,aspect=1.5)
grid.map(sns.pointplot,'hour','count','weekday',palette="deep",
ci=None)
grid.add_legend()
plt.show()
```

输出的折线图如图 8-6 所示。

变换不同的分组属性，可得到不同的折线图，如图 8-7 所示是按照四季分组得到的 4 条折线图。

```
grid = sns.FacetGrid(data=bikedata,size=8,aspect=1.5)
grid.map(sns.pointplot,'hour','count','season',palette='deep',
ci=None)  #deep 显示的颜色不同
```

```
grid.add_legend()
plt.show()
```

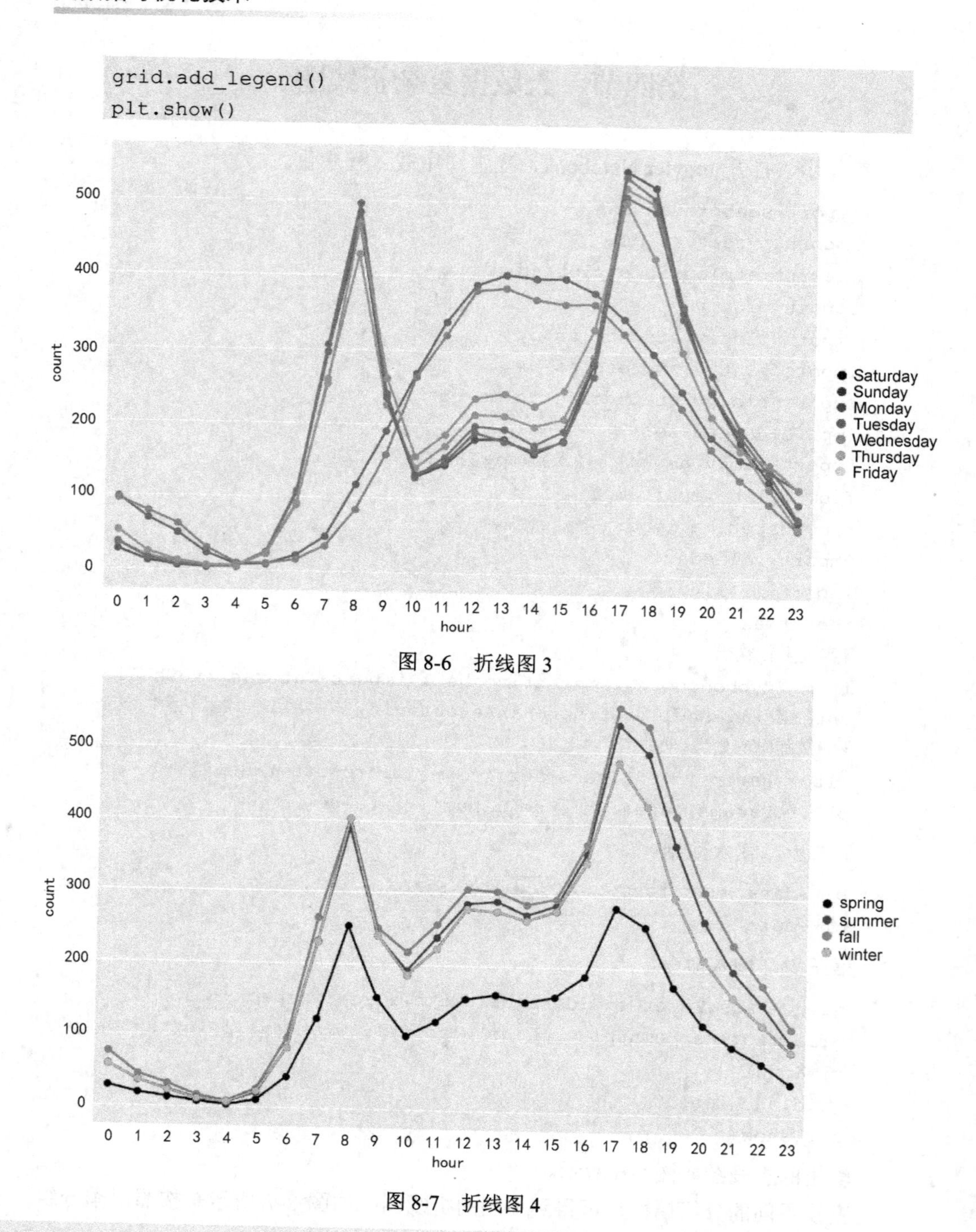

图 8-6　折线图 3

图 8-7　折线图 4

习题与作业

根据本章提供的数据库，制作春季时共享单车的 24 小时使用折线图。

第九章

散 点 图

第一节　教学介绍与基本概念

1. 教学目标

了解散点图的定义；掌握在大数据背景下，通过输入大数据生成散点图的方法。

2. 教学工具

Jupyter Notebook、Python、Excel。

3. 数据库与资源

本章配套电子文件含有如下数据库或资源：

（1）数据库：bikedata1.csv。

（2）数据库：data.xlsx。

（3）编程代码：第九章散点图.ipynb。

4. 基本概念与命令

（1）基本概念

散点图是最常见的统计图，是数据点在直角坐标系平面上的分布图，散点图展示因变量随自变量变化的大致趋势。

（2）特点

散点图可以用来粗略观察数据点的分布情况，可以大致推断出变量间是什么关系，包括：是正相关、负相关还是不相关；是线性、指数还是 U 形关系；相关性是强、中还是弱。在散点图的基础上，可以进一步做量化分析，得出更精准的结论。

（3）适用场景

散点图通常用于显示和比较数值，不光可以显示趋势，还能显示数据集群的形状，以及数据云团中各数据点的关系。在学术研究时，通过观察散点图上数据点的分布情况，可以推断出变量间的相关性。

（4）散点图命令

```
#使用 seaborn 中的 regplot
sns.regplot(x='XX',y = 'YY', data = ZZZ)
```

第二节　大数据简单散点图

第一步，打开 Jupyter Notebook，在窗口中载入数据。

```
bikedata = pd.read_csv('..\\bikedata1.csv')
```

第二步，载入常用的程序包。

```
import seaborn as sns
import pandas as pd
import matplotlib.pyplot as plt
import plotly
import plotly.offline as py
import plotly.express as px
import plotly.graph_objects as go
import dateparser
#实现多行输出
from IPython.core.interactiveshell import InteractiveShell
InteractiveShell.ast_node_interactivity = 'all'  #默认为'last'
#中文乱码的处理
plt.rcParams['font.sans-serif'] =['Microsoft YaHei']
plt.rcParams['axes.unicode_minus'] = False
```

第三步，输入命令。

```
#设置图的大小
fig = plt.figure(figsize = (18,10))
#使用 seaborn 中的 regplot
sns.regplot(x='casual',y = 'count', data = bikedata)
ax.set(ylabel= 'count', xlabel='casual')
plt.plot(x,y)
plt.show
```

输出结果如图 9-1 所示。

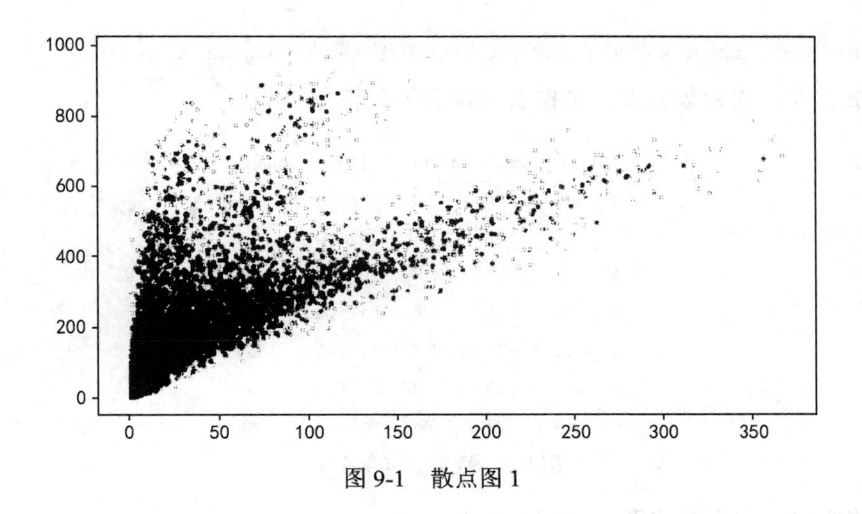

图 9-1　散点图 1

第三节　大数据复杂散点图

第一步，打开 Jupyter Notebook，在窗口中输入常用的程序包。

```
#seaborn visualization library(seaborn 可视化库)
import seaborn as sns
import pandas.compat
import xlrd
import xlwt
import xlutils
from xlutils.copy import copy
#常用数据库
import numpy as np
import pandas as pd
import matplotlib.pyplot as plt
import plotly as py
import plotly.express as px
import  plotly.graph_objects as go
import dateparser
#实现多行输出
from IPython.core.interactiveshell import InteractiveShell
InteractiveShell.ast_node_interactivity = 'all'  #默认为'last'
#中文乱码的处理
plt.rcParams['font.sans-serif'] =['Microsoft YaHei']
plt.rcParams['axes.unicode_minus'] = False
```

第二步，读取数据库。

```
#读取数据库
```

```
df = pd.read_excel('G:\\book\\第九章散点图\data.xlsx')
```

第三步，查看数据库，数据表（部分）如图 9-2 所示。

	year	tuanti	renshu	jingfei	zhuanli
0	1988	25	518	172.000	86
1	1989	26	528	182.000	91
2	1990	27	248	192.000	95
3	1991	31	568	212.000	108
4	1992	32	578	213.000	109
5	1993	33	588	217.000	111
6	1994	33	598	218.000	111

图 9-2　数据表（部分）

第四步，产生散点图，如图 9-3 所示。

```
sns.pairplot(df)
```

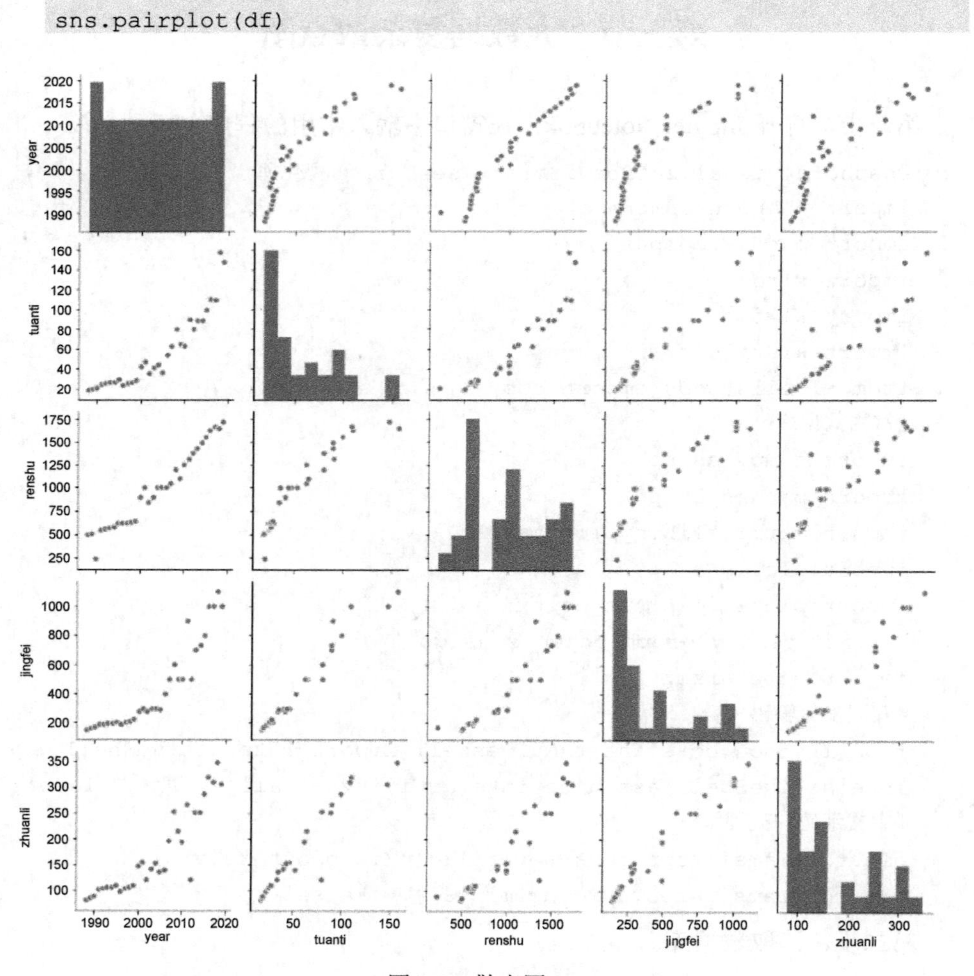

图 9-3　散点图 2

第五步，将 year（年）作为基本变量进行着色，结果如图 9-4 所示。

```
sns.pairplot(df, hue = 'year')
```

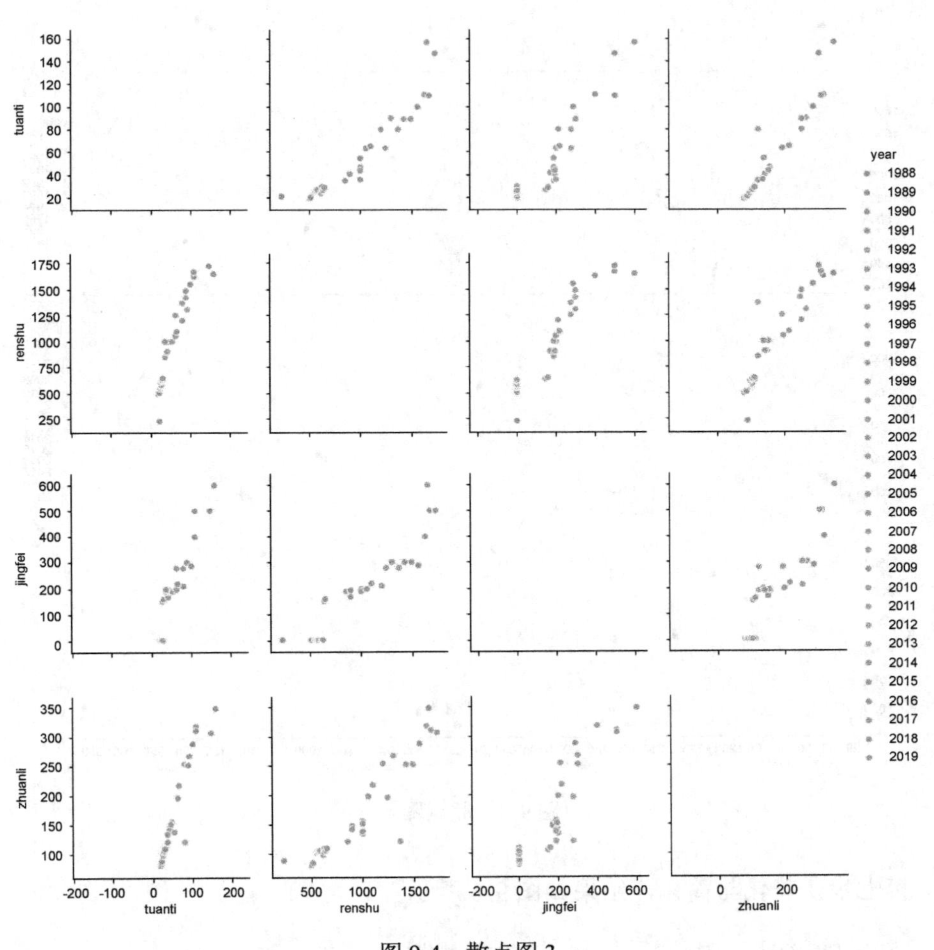

图 9-4　散点图 3

第六步，输入一些关键词，改变散点图中点的透明度、大小和边缘颜色，结果如图 9-5 所示。

```
sns.pairplot(df, hue = 'year', diag_kind = 'renshu',
             plot_kws = {'alpha': 0.6, 's': 80, 'edgecolor':
             'k'},
             size = 4)
```

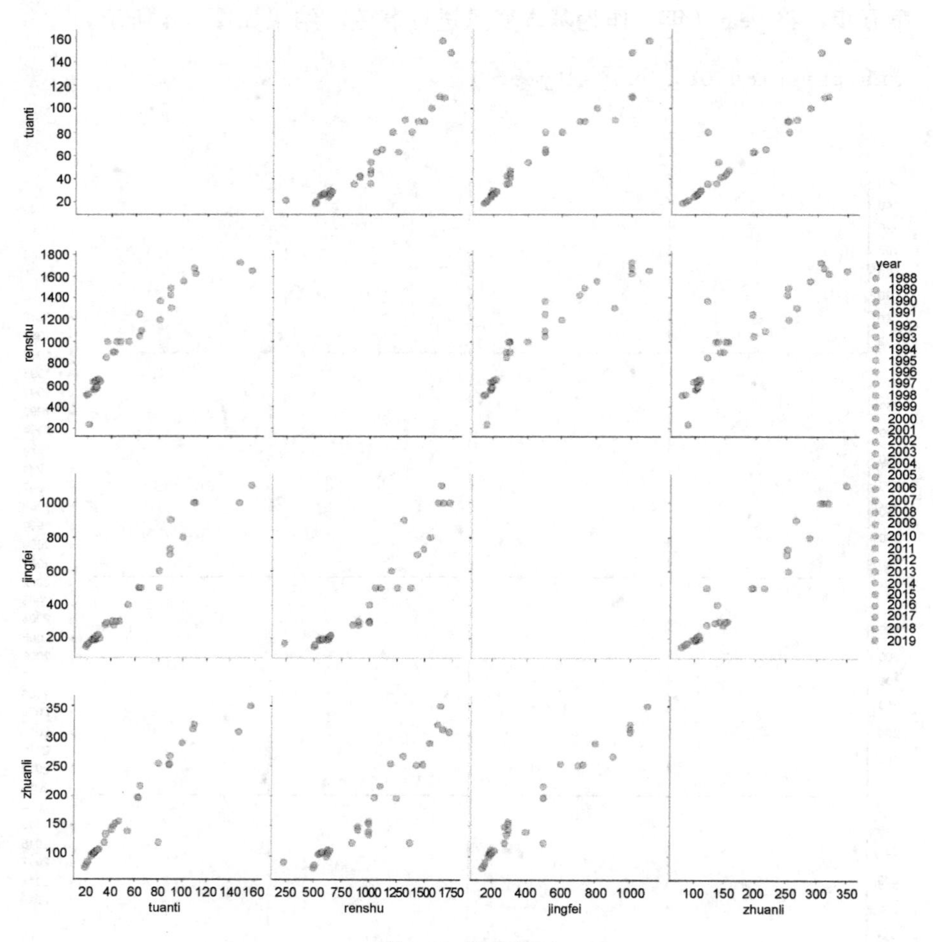

图 9-5　散点图 4

第七步，美化与简化，结果如图 9-6 所示。

```
sns.pairplot(df[df['year'] >= 2000],
                 vars = ['tuanti','jingfei', 'zhuanli'],
                 hue = 'year', diag_kind = 'renshu',
                 plot_kws = {'alpha': 0.6, 's': 80, 'edgecolor':
                 'k'},
                 size = 4);
#添加标题
plt.suptitle('Pair Plot of Data for 2000-2019',
                 size = 28);
```

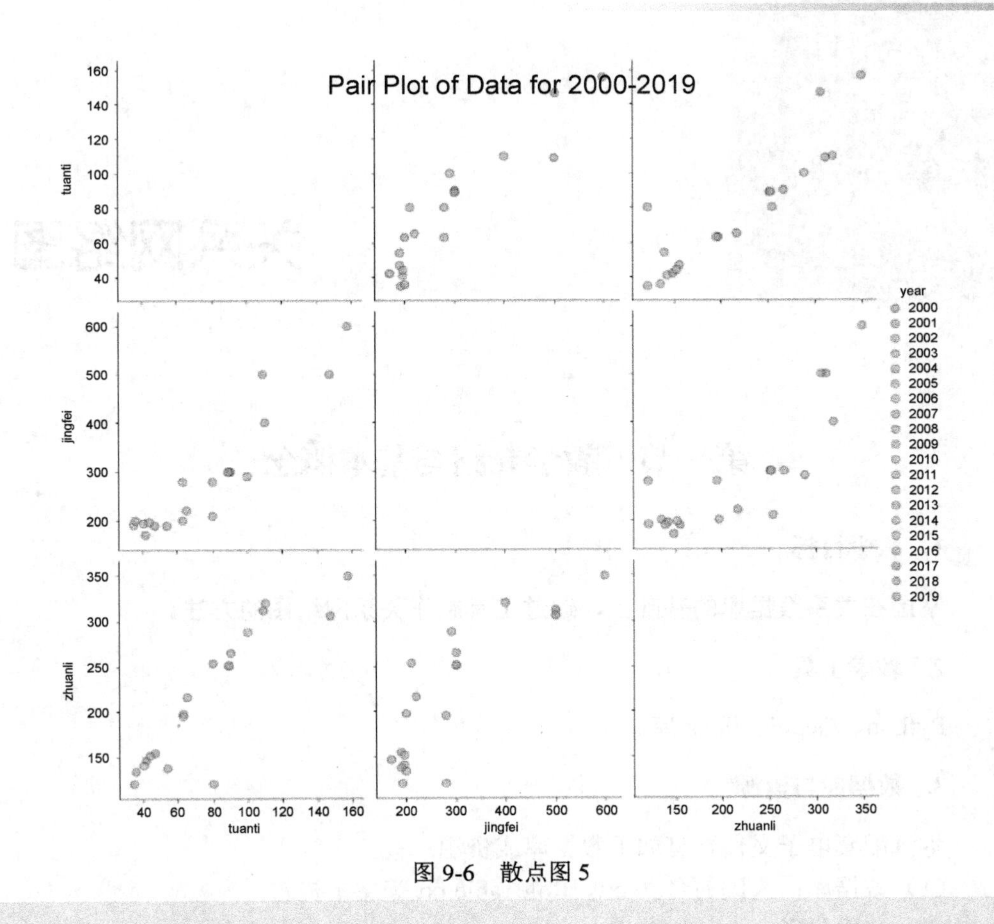

图 9-6　散点图 5

习题与作业

使用本章提供的数据库 data.xlsx，制作变量为'tuanti''zhuanli'的散点图。

第十章 关系网络图

第一节 教学介绍与基本概念

1. 教学目标

掌握在关系数据库的基础上，通过工具制作关系网络图的方法。

2. 教学工具

Python、Gephi、jieba 库。

3. 数据库与资源

本章配套电子文件含有如下数据库或资源：

（1）数据库：人民的名义.txt、RoleTable.txt 等文本资料。

（2）编程代码：人民的名义.ipynb。

4. 基本概念与命令

（1）基本概念

关系网络图将研究对象表示为点，点的大小、颜色均表示为不同的参数，两个点之间的关系可以用连线来表示。连线分为无向和有向（复杂网络，连接+方向，线本身的方向代表了连接的关系，同时线的粗细也可以表示关系强度）。节点之间的关系可基于统计进行信息提取。关系紧密的节点往往会在文本中多段内同时出现，可以通过识别文本中已确定的节点，计算不同实体共同出现的次数和比率。当比率大于某一阈值，则可以认为两个实体间存在某种联系。

（2）特点

通过关系网络图实现可视化，可以探知各个点在网络中的位置与关系情况。

（3）应用场景

关系网络图可用来呈现社会网络中的复杂关系。基于简单共现关系，可以编写 Python 代码从纯文本中提取出人物关系网络，并用 Gephi 将生成的网络可视化。

（4）主要命令

本章命令较为复杂，不要求完全掌握。只需要能对路径进行替换，从而得到新的关系网络图即可。

第二节　用 Python 提取数据

第一步，下载文本资源，保存为 UTF-8 编码的 txt 文件，如图 10-1 所示。

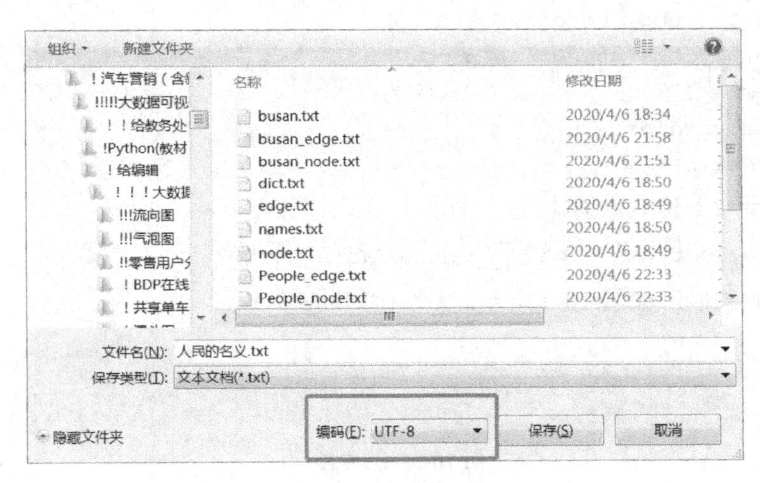

图 10-1　文本准备

第二步，根据网络搜索，制作主要节点的分词模块。使用 jieba 分词模块来提取文本中的角色名，得到图的“节点”。jieba 分词中对人名的识别不够准确，例如，可能会把“明白”“文明”这样的词识别为人名。针对这个问题，可以建立用户自定义字典，以提高人名的识别准确率。图 10-2 所示是一个自定义字典的示例，每行第一个词代表字典中的词，第二个词代表频数，第三个词代表词性。将主要人物的名称保存为文本文件 RoleTable.txt，放在读者自定的文件夹中。

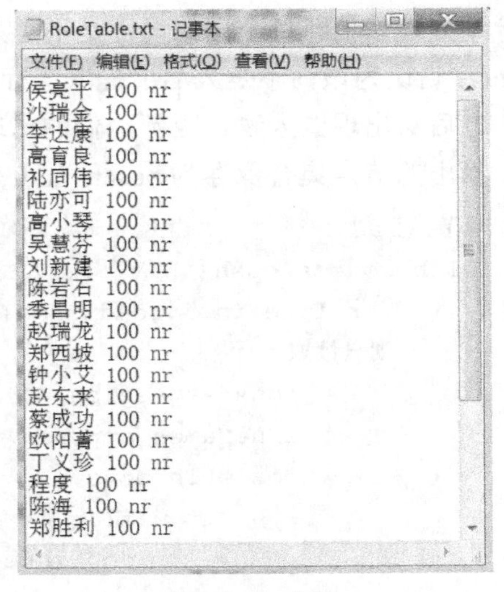

图 10-2　分词

在分词后判断一个词是否为人名，可以用下面两个条件筛选，满足条件的可以认为不是人名：该词词性不为nr；该词长度小于2。为在剧本中某一段中出现的若干个角色，两两之间建立一条边，根据两个角色一同出现的频度，来决定边的权值。

第三步，载入包与定义变量。

```
#names：保存人物，键为人物名称，值为该人物在全文中出现的次数
#relationships：保存人物关系的有向边，键为有向边的起点，值为一个字典
edge ，edge 的键为有向边的终点，值是有向边的权值
#lineNames：缓存变量，保存对每一段分词得到当前段中出现的人物名称
#输入包
import os, sys
import jieba, codecs, math
import jieba.posseg as pseg
names = {}
relationships = {}
lineNames = []
```

第四步，上传节点词典。

```
jieba.load_userdict("..\\RoleTable.txt")
```

上传成果显示如图 10-3 所示。

```
Building prefix dict from the default dictionary ...
Loading model from cache C:\Users\lenovo\AppData\Local\Temp\jieba.cache
Loading model cost 1.074 seconds.
Prefix dict has been built successfully.
```

图 10-3　上传显示

第五步，节点识别。在具体实现过程中，读入剧本文本文件的每一行，对其做分词处理，判断每个词的词性是不是人名（词性编码：nr），如果该词的词性不为nr，则认为该词不是人名；提取该行（段）中出现的人物集，存入lineNames中。之后对出现的人物，更新他们的出现次数。

输出的节点集合保存为busan_node.txt，边集合保存为busan_edge.txt。

```
#节点识别
with codecs.open("F:\\..\\人民的名义.txt", 'r', 'utf8') as f:
    for line in f.readlines():    #注意是 readlines 要加 s，不加 s
    则只读取一行
        poss = pseg.cut(line)    #分词，返回词性
        lineNames.append([])     #为本段增加一个人物列表
        for w in poss:
            if w.flag != 'nr' or len(w.word) < 2:
                continue         #当分词长度小于 2 或该词词性不为 nr
                                 (人名)时认为该词不是人名
```

```
            lineNames[-1].append(w.word)  #为当前段增加一个人物
            if names.get(w.word) is None:  #如果某人物(w.word)不在人物字典中
                names[w.word] = 0
                relationships[w.word] = {}
            names[w.word] += 1
```

查看结果的代码如下：

```
#输出人物出现次数的统计结果
for name, times in names.items():
    print(name, times)
```

输出结果如图 10-4 所示。

```
大师傅 3
温馨 3
钟小艾 49
蒙蒙亮 1
王文革 51
今天上午 3
常小虎 27
哈欠 3
师傅 14
小兄弟 1
王八蛋 3
高昂 3
陈老 18
赵东来 141
陈老帮 1
鱼贯 2
查岗 1
天赐良机 1
龙凰虎 1
探照灯 1
```

图 10-4　输出结果

第六步，创建角色关系（边）。在代码中，使用字典类型 names 保存人物，该字典的键为人物名称，值为该人物在全文中出现的次数。使用字典类型 relationships 保存人物关系的有向边，该字典的键为有向边的起点，值为一个字典 edge，edge 的键是有向边的终点，值是有向边的权值，代表两个人物之间联系的紧密程度。lineNames 是一个缓存变量，保存当前段中出现的人物名称，lineName[i] 是一个列表，列表中存储第 i 段中出现过的人物。

```
#对于 lineNames 中的每一行，我们将该行中出现的所有人物两两相连。如果两个人物之间尚未有边建立，则将新建的边权值设为 1，否则将已存在的边的权值加 1。这种方法将产生很多冗余边，这些冗余边将在最后处理。
for line in lineNames:
    for name1 in line:
        for name2 in line:
            if name1 == name2:
                continue
            if relationships[name1].get(name2) is None:
                relationships[name1][name2] = 1
```

```
            else:
                  relationships[name1][name2] = relationships
                  [name1][name2] + 1
```

第七步，输出图的信息。

```
#由于分词的不准确会出现很多不是人名的“人名”，从而导致出现很多冗余边，为此可设置阈值为10，即当边出现10次以上时则认为它不是冗余
with codecs.open("People_node.txt", "w", "utf8") as f:
     f.write("ID Label Weight\r\n")
     for name, times in names.items():
          if times > 10:
               f.write(name + " " + name + " " + str(times) + "\r\n")
with codecs.open("People_edge.txt", "w", "utf8") as f:
     f.write("Source Target Weight\r\n")
     for name, edges in relationships.items():
          for v, w in edges.items():
               if w > 10:
                    f.write(name + " " + v + " " + str(w) + "\r\n")
```

节点输出结果如图 10-5 所示。

边的输出结果如图 10-6 所示。

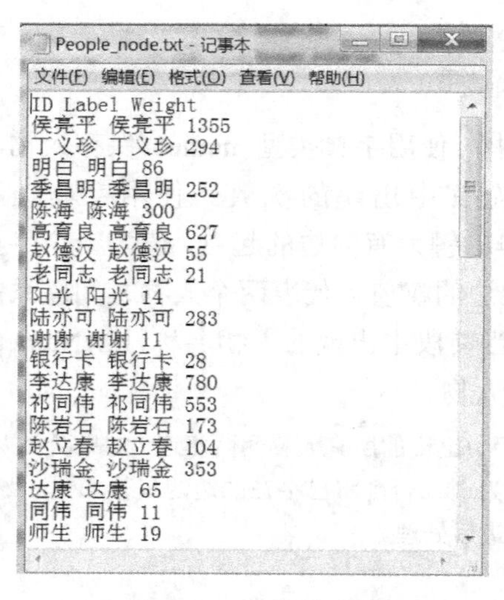

图 10-5　节点输出结果

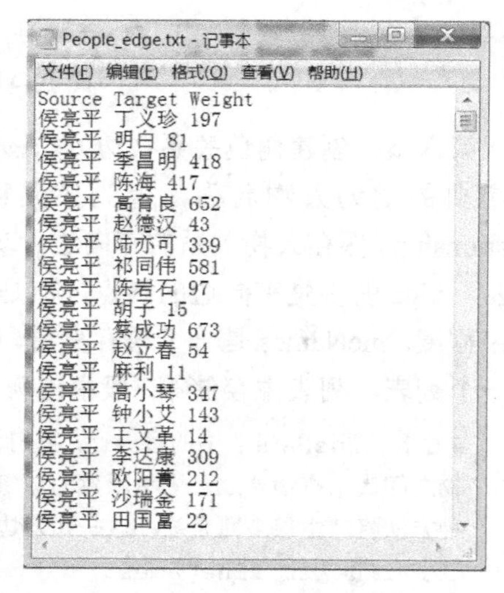

图 10-6　边的输出结果

第三节　关系网络的可视化

第一步，数据准备。打开 People_edge.txt 文件，将空格用；全部替换，如图 10-7

所示，然后保存文件，将文件的扩展名.txt 改成.csv，保存为 People_edge−副本.csv。

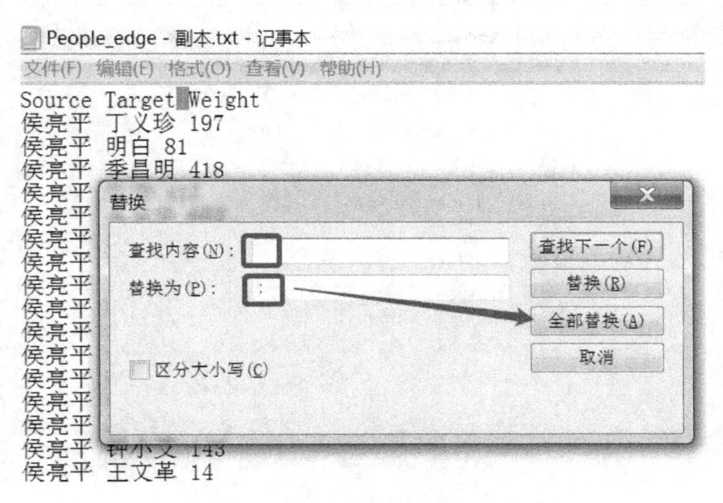

图 10-7 格式处理

第二步，打开 Gephi，选择“新建工程”，如图 10-8 所示。

图 10-8 打开软件

第三步，导入数据，如图 10-9 所示。

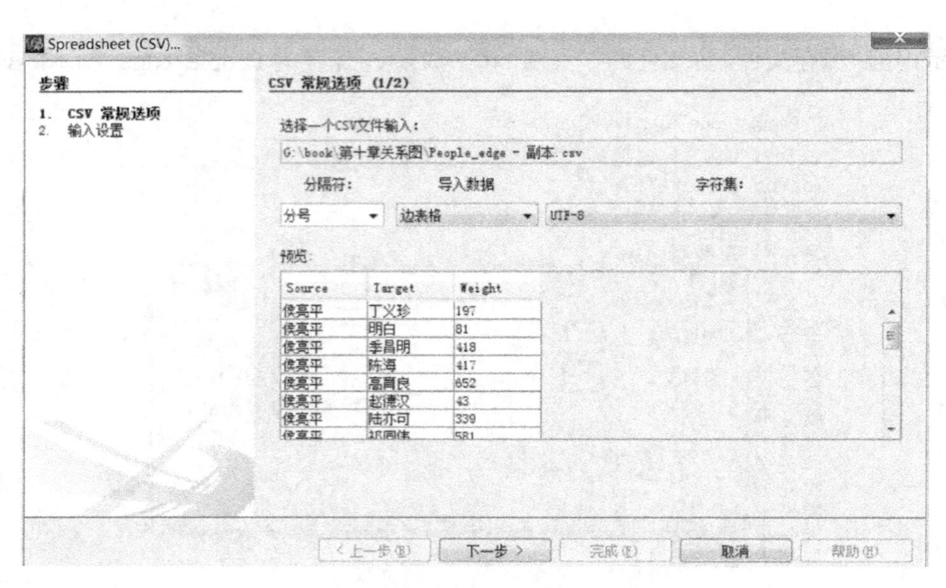

图 10-9　导入数据

第四步，布局。常用布局有力引导布局（Force Atlas）和环形布局（Fruchterman Reingold）。本书采用 Fruchterman Reingold。

单击图 10-10 中的“运行”按钮后等待算法迭代到合适时间（20s 左右）就停止。

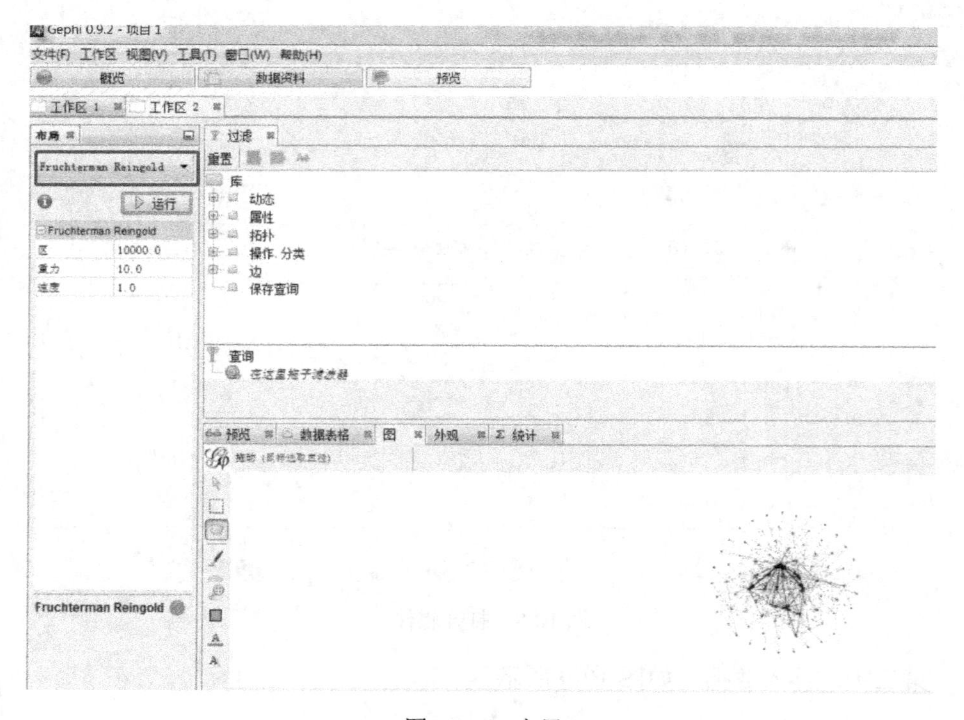

图 10-10　布局

第五步，初始图输出，如图 10-11 所示。

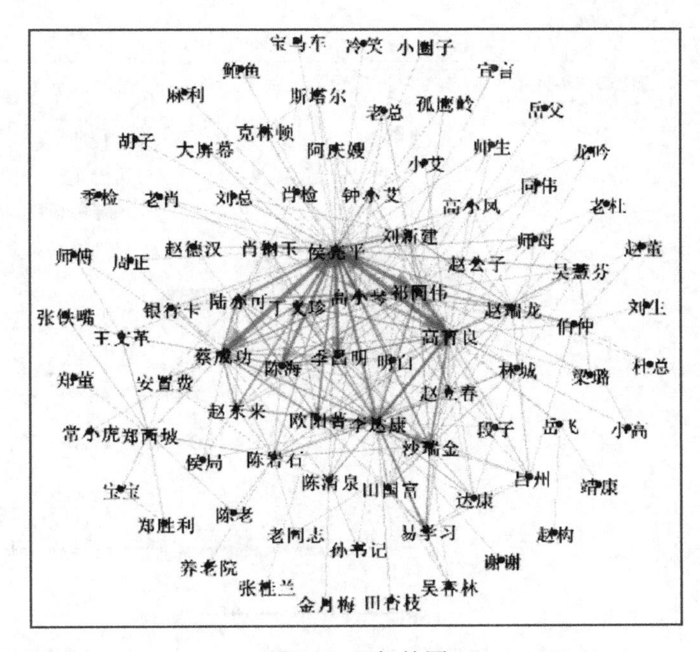

图 10-11　初始图

第六步，输出图的美化。

1）设置节点的大小和颜色。

2）节点标签设置。注意右边统计栏中的模块化和平均聚类系数需保证为运行状态（Gephi 默认运行）。

3）边的颜色设置。可以把边的颜色设置为自己喜欢的。例如按照边的权值将边设置为橘色，且边权值越大，边线条越粗。

第七步，预览设置。单击“预览”选项，可以设置标签样式，本例设置为文本轮廓样式(标签外边缘有白色轮廓)。字体不合适的可以再次设置一下标签字体，如选择宋体，再设置字体大小，如图 10-12 所示。

第八步，保存格式。

可将图片保存为.png 等文件。若网络过于庞大，保存为图片会模糊失真，则可以在“文件”→“输出”→“图文件”中保存为.gexf 文件。.gexf 文件实质是以 XML 存储图的节点和边信息，包括但不限于节点的 Id、Label、权值以及在图形中的坐标。gexf 格式的文件可用 Gephi 及其他支持该文件的软件打开，不会失真。

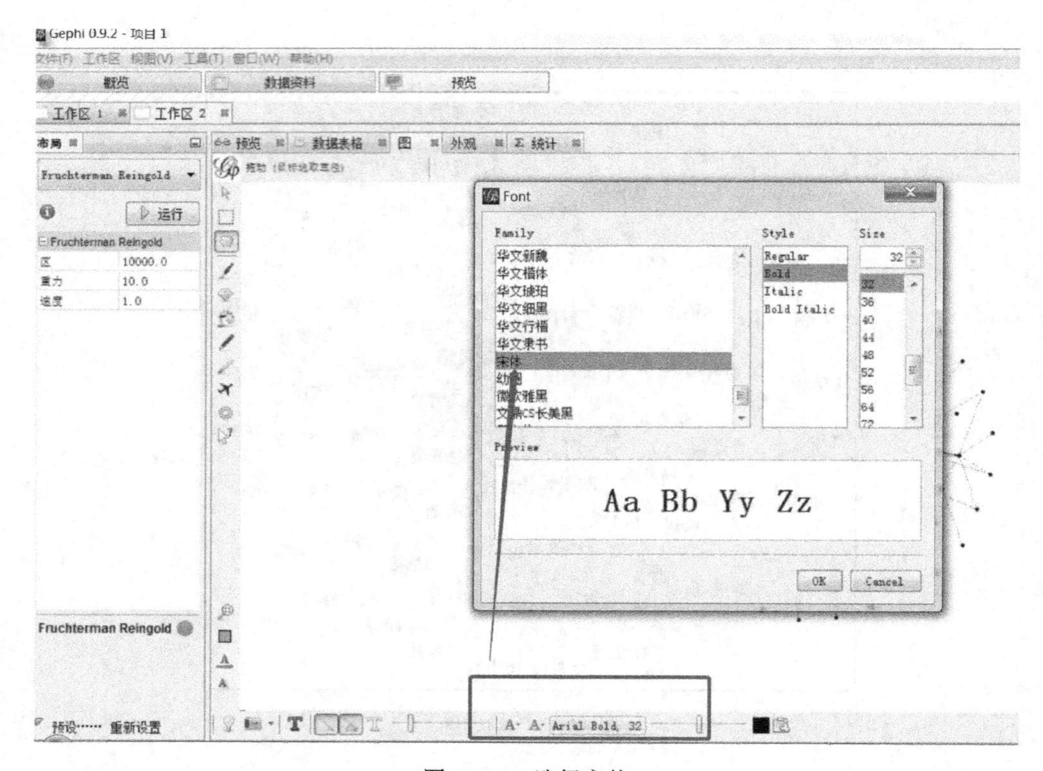

图 10-12　选择字体

关系网络图较为复杂，Python 语言在处理关系网络图时在统计数据上具有优势，是其他软件难以取代的，但也有局限性。这导致了在制作关系网络图时，Python 还需要联合专门处理关系网络图的 Gephi 软件。鉴于本书主要介绍 Python，故对 Gephi 软件的使用只列了主要操作要点，这些操作要点仅提供给有余力的读者参考，如果想要得到 Gephi 软件操作更详细的解释，需要参考专门介绍 Gephi 的工具书。（注：因为本章较为复杂，所以建议将本章列为选修，仅为有余力且有兴趣的读者提供操作帮助。）在形成可视化图时，Gephi 软件可参考的主要操作步骤如下：

1）概况→工作区→外观，选择想要的外观。

2）概况→工作区→布局，选择想要的布局，记得单击“运行”。

3）预览→预览设置→节点，选中显示标签，选择合适的字体字号。

4）预览→预览设置→“边”，选中“重新调整权重”。为了美观可以将边箭头尺寸调为零，最后单击“刷新”。

5）通过“文件”→“输出”来输出图文件，如图 10-13 所示。

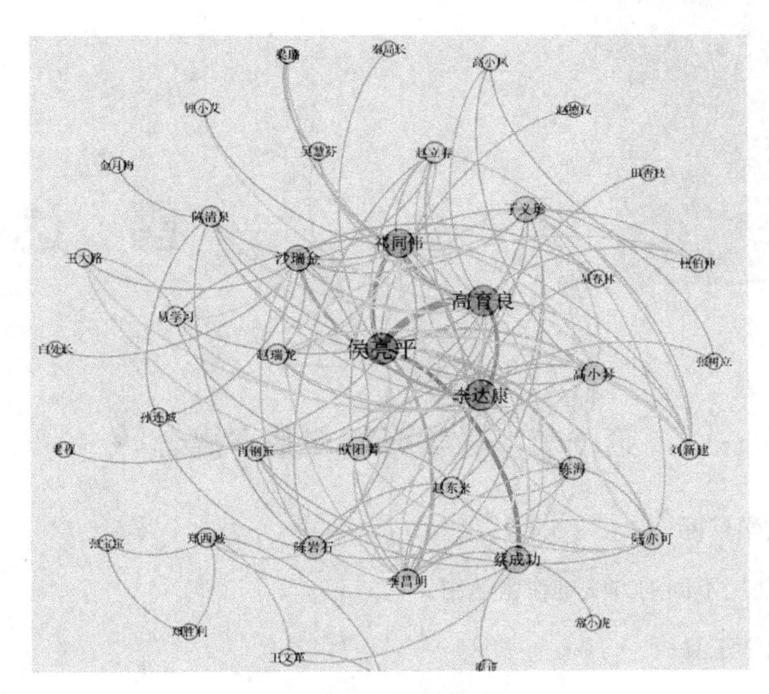

图 10-13　最终输出图

习题与作业

参照本章操作方法，下载一个剧本或小说，制作关系网络图。

第十一章 雷 达 图

第一节 教学介绍与基本概念

1. 教学目标

学会使用不同的方法制作雷达图。

2. 教学工具

Python、Jupyter Notebook、Excel。

3. 数据库与资源

本章不需数据库资源支持。形成的程序文件有：雷达填充图.ipynb。

4. 基本概念与命令

（1）基本概念

雷达图是用从一个点延伸出来的三条以上的轴来表示属性值的一种图表，形似蜘蛛网。轴的相对位置和角度通常没有意义。

（2）特点

雷达图也称为网络图、蜘蛛图、星图、蜘蛛网图、不规则多边形、极坐标图或 Kiviat 图。雷达图可以表达多维数据（四维以上），且每个维度必须可以排序。

（3）应用场景

雷达图经常用于多维度数值的比较，如在分析企业经营情况中，可以从收益性、生产性、流动性、安全性和成长性等维度进行评价。

（4）雷达图主要命令

```
radar_chart.x_labels = ['目标一', '目标二', '目标三', '目标四', '目标五', '目标六','目标七', '目标八']
radar_chart.add('Chrome', [X1, X2, X3, X4, X5, X6,X7, X8])
```

第二节 简单雷达图

第一步，打开 Jupyter Notebook，在窗口中安装 pygal。

```
pip install pygal
```

第二步，输入数据，输出结果如图 11-1 所示。

```
import pygal
#实现多行输出
from IPython.core.interactiveshell import InteractiveShell
InteractiveShell.ast_node_interactivity = 'all'   #默认为'last'
radar_chart = pygal.Radar()
radar_chart.title = 'radar results'
radar_chart.x_labels = ['目标一', '目标二', '目标三', '目标四', '目标五', '目标六','目标七', '目标八']
radar_chart.add('Chrome', [6395, 8212, 7520, 7218, 12464, 1660, 2123, 8607])
```

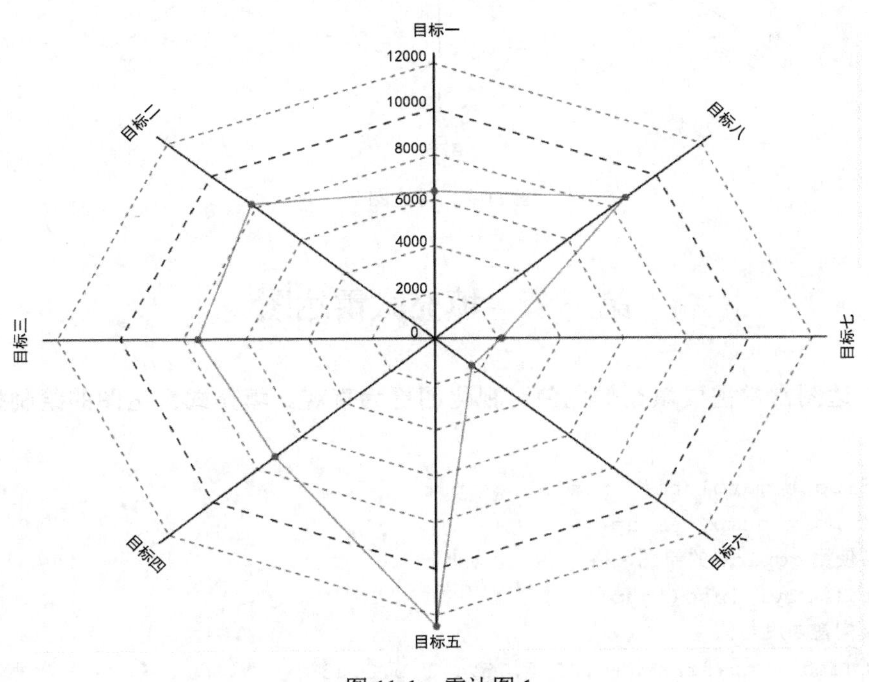

图 11-1 雷达图 1

也可以将多个雷达图合成在一起，方法为在上面操作的基础上，追加以下命令：

```
radar_chart.add('系列二', [7473, 8099, 11700, 2651, 6361, 1044, 3797, 9450])
```

这样生成的雷达图如图 11-2 所示。

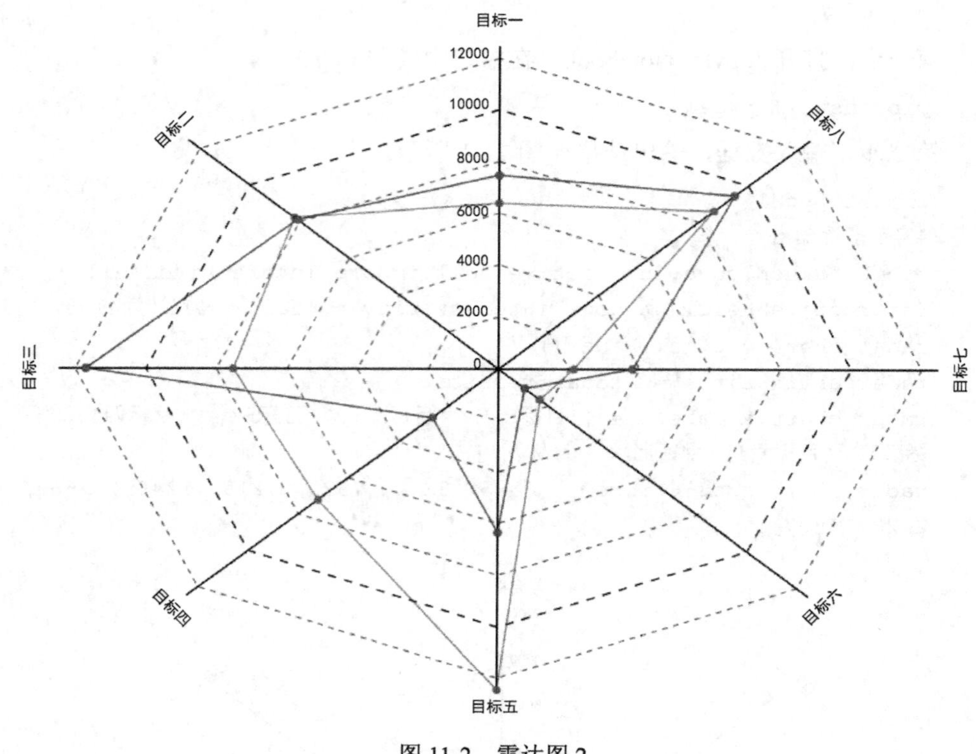

图 11-2 雷达图 2

第三节 填充式雷达图

雷达图常常需要填充颜色使可视化图更为直观。填充式雷达图的绘制操作如下：

```
import matplotlib.pyplot as plt
import numpy as np
#使用 ggplot 的绘图风格
plt.style.use('ggplot')
#构建角度与值
theta = np.array([0.25,0.75,1,1.5,0.25])
r = [20,60,40,80,20]
plt.polar(theta*np.pi,r,"r-",lw=1)
#设置填充颜色，并且设置透明度为 0.75
plt.fill(theta*np.pi,r,'r',alpha=0.75)
plt.ylim(0,100)
#显示网格线
```

```
plt.grid(True)
plt.show()
```

输出结果如图 11-3 所示。

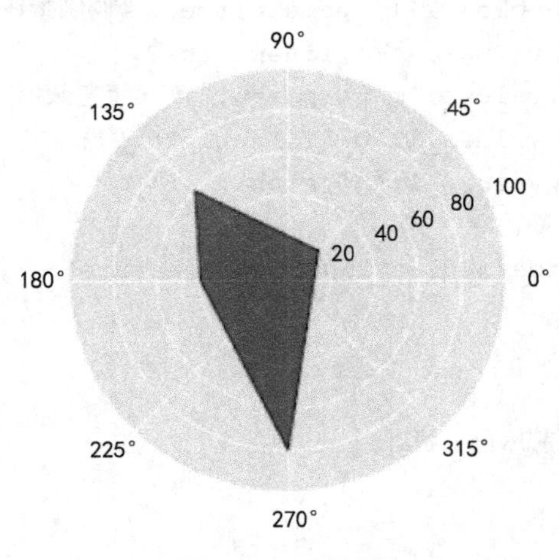

图 11-3 雷达图 3

第四节 复合式雷达图

复合式雷达图是多个填充式雷达图的组合，其绘制命令如下：

```
import numpy as np
import matplotlib.pyplot as plt
#中文和负号的正常显示
plt.rcParams['font.sans-serif'] = 'Microsoft YaHei'
plt.rcParams['axes.unicode_minus'] = False
#使用 ggplot 的风格绘图
plt.style.use('ggplot')
#构造数据
values = [3.2,2.1,3.5,2.8,3,4]
values_1 = [2.4,3.1,4.1,1.9,3.5,2.3]
feature = ['个人能力','QC 知识','解决问题能力','服务质量意识','团队精神',
'IQ']
N = len(values)
#设置雷达图的角度，用于平分切开一个平面
angles = np.linspace(0,2*np.pi,N,endpoint=False)
#使雷达图封闭起来
values = np.concatenate((values,[values[0]]))
angles = np.concatenate((angles,[angles[0]]))
values_1 = np.concatenate((values_1,[values_1[0]]))
```

```
#绘图
fig = plt.figure()
#设置为极坐标格式
ax = fig.add_subplot(111, polar=True)  #绘制折线图
ax.plot(angles,values,'o-',linewidth=2)
ax.fill(angles,values,'r',alpha=0.5)  #填充颜色
ax.plot(angles,values_1,'o-',linewidth=2')
ax.fill(angles,values_1,'b',alpha=0.5)
#添加每个特质的标签
ax.set_thetagrids(angles*180/np.pi,feature)
#设置极轴范围
ax.set_ylim(0,5)
#添加标题
plt.title('活动前后员工状态')
#增加网格纸
ax.grid(True)
plt.show()
```

输出结果如图 11-4 所示。

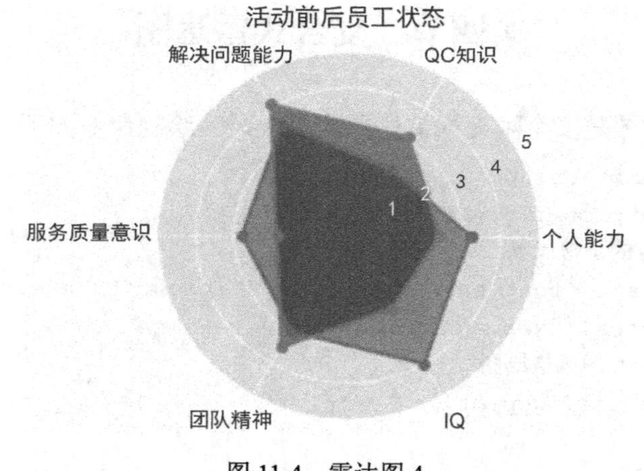

图 11-4　雷达图 4

习题与作业

利用本章知识制作客户评价雷达图。其中评价维度分别是颜色、设计风格、材质、耐用性、环保，每个维度满分为 5 分，上述 5 项得分分别为 4.1 分、4.3 分、3.9 分、5 分、4.7 分。

第十二章 热力图

第一节 教学介绍与基本概念

1. 教学目标

（1）掌握简单的热力图在线生成方法。
（2）学会利用编程代码生成热力图。

2. 教学工具与软件

（1）地图慧。
（2）Jupyter Notebook 和 Python。

3. 数据库与资源

本章配套电子文件含有如下数据库或资源：
（1）数据库：bikedata1.csv。
（2）数据库：heatmap.xlsx。
（3）数据库：hr.xls。
（4）编程代码：第十二章热力图.ipynb。

4. 基本概念与命令

（1）基本概念

热力图是大数据在地理空间的可视化图，是继词云图之后最受青睐的大数据图形之一。热力图可以利用 Python 等软件，利用大数据可视化生成。新商科、新文科的学生在收集数据后，可以利用在线工具生成热力图。

（2）特点

热力图通常运用颜色色相和深浅来表达热度权重。某个区域内数据点出现的频率越高，则权重越高，热度越高。通常，红色表示热度高，蓝色表示热度低。

热力图还可以和地图结合起来，便于显示不同地域的情况。

（3）应用场景

热力图主要用于监控图，也可以用于数据挖掘。例如，景区人数热力图可以显示哪些区域是最受欢迎的区域，从而帮助景区发现哪些要素能吸引大多数访客的注意。

（4）主要命令

```
seaborn.heatmap(data, vmin=××, vmax=××, annot=True, mask=××)
```

第二节　使用 Python 制作热力图

案例 1

打开 Jupyter Notebook，在窗口中输入以下代码：

```
import matplotlib.pyplot as plt
import numpy as np
import seaborn as sns
f,(ax1,ax2) = plt.subplots(figsize=(10,10),nrows=2)
x = np.array([[1,2,3],[2,0,1],[-1,-2,0]])
sns.heatmap(x, annot=True, ax=ax1)
sns.heatmap(x, mask=x < 1, ax=ax2, annot=True, annot_kws={"weight":
"bold"})    #把小于 1 的区域忽略掉
```

输出结果如图 12-1 所示。

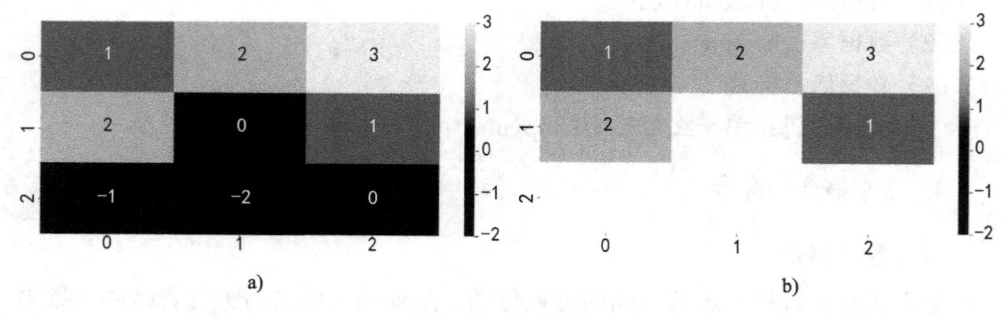

图 12-1　热力图 1

在本例编程代码中，nrows=2 表示将图片按两行分布，分别为 ax1（即图 12-1a）和 ax2（即图 12-1b）。可以看到，图 12-1a 和图 12-1b 是不同的，不同之处在于图 12-1b 中小于 1 的数据没有显示，即表示 0、−1、−2、0 四格显示为空白。之所以有这样的效果，是因为执行了 mask=x < 1 代码的命令，其含义为将小于 1 的数据屏蔽掉。执行 mask 屏蔽命令后，输出的图产生了差异。由此可见，执行命令

mask 的好处是可以把不符合要求的数据屏蔽掉，只显示出符合要求的数据信息。

注意：如果出现 cannot import name '××'的情况，则是新旧版本问题。

可在 Jupyter Notebook 窗口中输入以下命令查看版本：

```
import pyecharts
print(pyecharts.__version__)
```

如果显示：

```
0.1.9.4
```

表明版本过旧。

版本过旧则会出现上述问题，可试一下新版本。

案例 2

打开 Jupyter Notebook，在窗口中输入以下命令：

```
np.random.seed(0)
x = np.random.randn(10, 8)
f, (ax1, ax2) = plt.subplots(figsize=(10,8),nrows=2)
sns.heatmap(x, annot=True, ax=ax1)
sns.heatmap(x, annot=True, ax=ax2, annot_kws={'size':9,'weight':
'bold', 'color':'blue'})
```

热力图如图 12-2 所示。

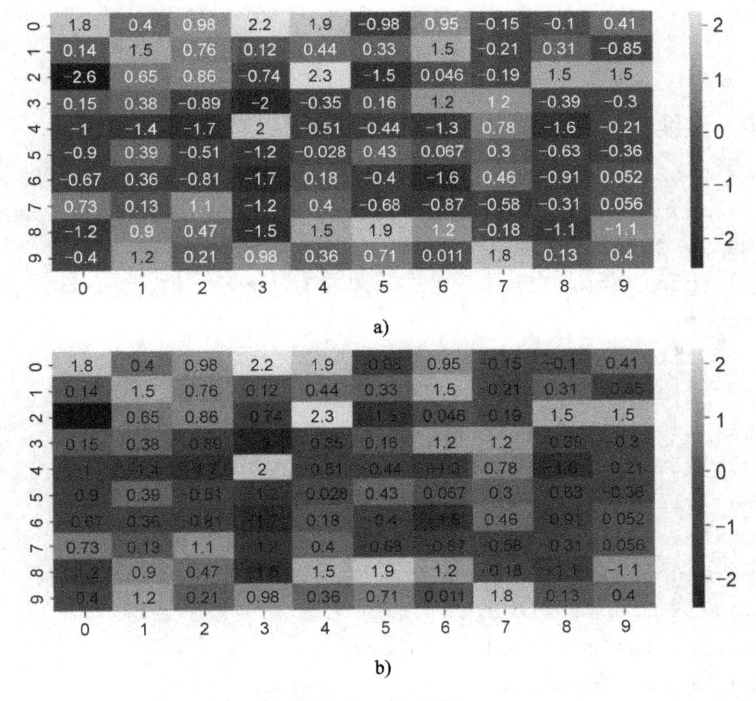

图 12-2　热力图 2

第三节　输入数据制作热力图

第一步，打开 Jupyter Notebook，载入程序包。

```
import matplotlib.pyplot as plt
import numpy as np
import seaborn as sns
f,(ax1,ax2) = plt.subplots(figsize=(10,10),nrows=2)
x = np.array([[1,2,3],[2,0,1],[-1,-2,0]])
sns.heatmap(x, annot=True, ax=ax1)
```

第二步，输入数据。部分数据表如图 12-3 所示。

```
import pandas as pd
data  =  pd.read_excel(r'..\\heatmap.xlsx',sheet_name='Sheet2')
#读入数据库
data.head()
```

	1	2	3	4	5	6	7	8	9	10	11	12	13	14	15	16	
0	0.128866	0.128866	0.128866	0.386598	1.546392	0.515464	0.128866	0.000000	0.000000	0.386598	0.0	0.000000	0.128866	0.0	0.128866	0.128866	0.644
1	0.000000	0.000000	0.000000	0.000000	0.000000	0.128866	0.128866	0.000000	0.000000	0.000000	0.0	0.000000	0.000000	0.0	0.000000	0.000000	0.000
2	0.000000	0.128866	0.000000	0.257732	0.515464	0.515464	0.000000	0.257732	0.128866	0.000000	0.0	0.128866	0.128866	0.0	0.000000	0.386598	0.257
3	0.257732	0.000000	0.128866	0.257732	0.515464	0.257732	0.128866	0.257732	0.257732	0.128866	0.0	0.000000	0.128866	0.0	0.000000	0.128866	0.128
4	0.000000	0.000000	0.000000	0.257732	0.000000	0.257732	0.000000	0.000000	0.000000	0.257732	0.0	0.128866	0.128866	0.0	0.000000	0.000000	0.257

图 12-3　数据表（部分）

第三步，继续输入命令。

```
f, (ax1,ax2) = plt.subplots(figsize = (10, 10),nrows=2)
cmap = sns.cubehelix_palette(start = 1.5, rot = 3, gamma=0.8,
as_cmap = True)
sns.heatmap(data, linewidths = 0.05, ax = ax1, vmax=1, vmin=0,
cmap=cmap)
ax1.set_title('cubehelix map')
ax1.set_xlabel('')
ax1.set_xticklabels([]) #设置 x 轴图例为空值
ax1.set_xlabel('region')
ax1.set_ylabel('kind')
sns.heatmap(data, linewidths = 0.05, ax = ax2,vmax=1, vmin=0,
cmap='rainbow')
#rainbow 为 matplotlib 的 colormap 名称
ax2.set_title('matplotlib colormap')
ax2.set_xlabel('region')
ax2.set_ylabel('kind')
```

输出结果如图 12-4 所示。

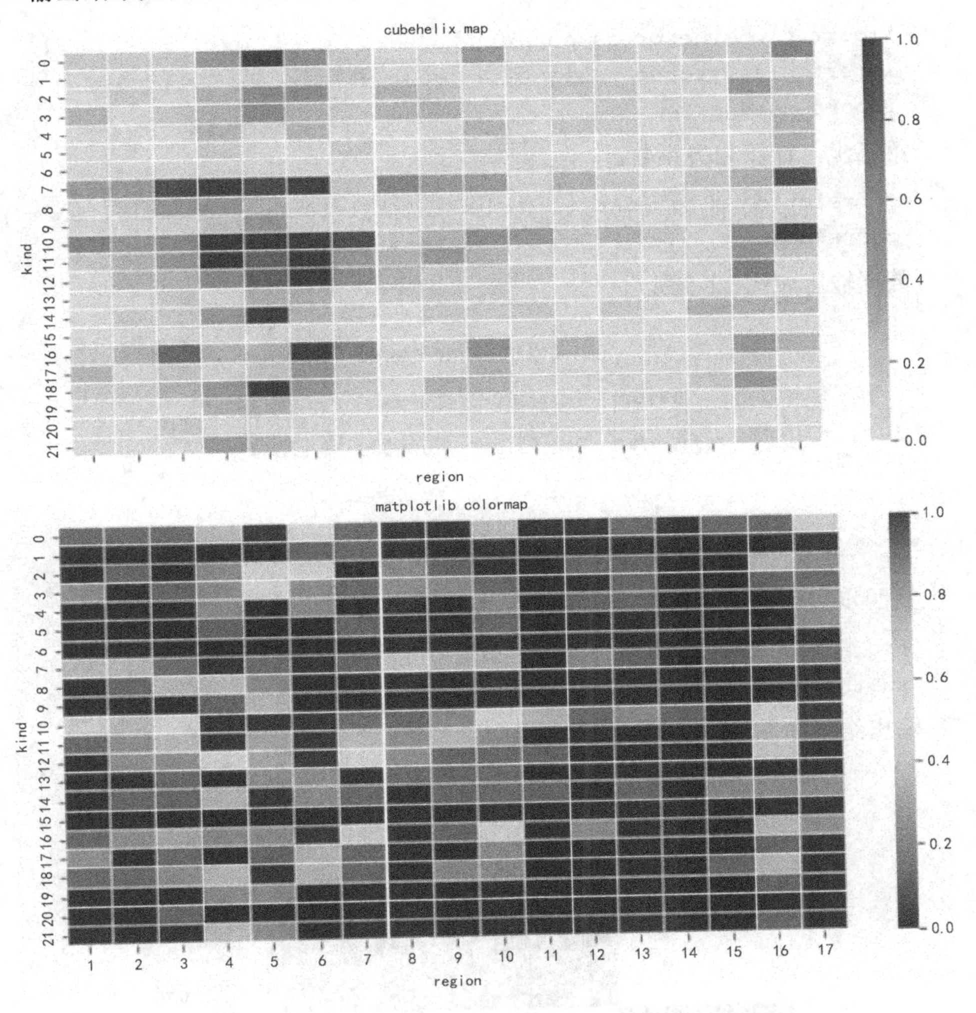

图 12-4　热力图 3

第四节　相关性热力图

第一步，打开 Jupyter Notebook，在窗口中载入数据。

```
bikedata = pd.read_csv('..\\bikedata1.csv')
```

第二步，载入常用的程序包。

```
import seaborn as sns
import pandas as pd
import matplotlib.pyplot as plt
```

```
import plotly
import plotly.offline as py
import plotly.express as px
import plotly.graph_objects as go
import dateparser
```

第三步，计算相关系数。

```
correlation = bikedata[['casual','registered','count']].corr()
correlation
```

数据输出如图 12-5 所示。

	casual	registered	count
casual	1.000000	0.497250	0.690414
registered	0.497250	1.000000	0.970948
count	0.690414	0.970948	1.000000

图 12-5　数据输出

第四步，用热力图来直观表示相关性矩阵，输入命令。

```
fig = plt.figure(figsize = (10,10))
sns.heatmap(correlation, vmax=0.8, square=True, annot=True)
```

输出结果如图 12-6 所示。

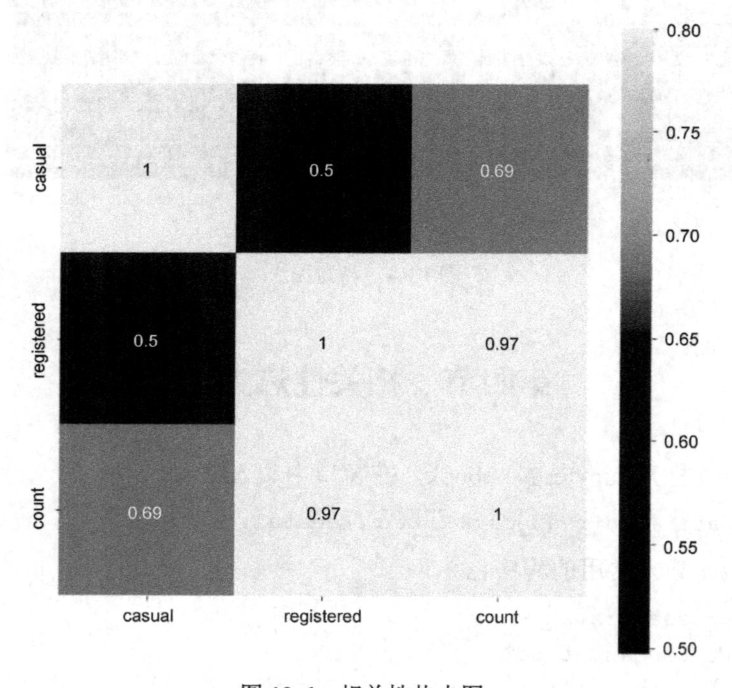

图 12-6　相关性热力图

由上可知，count 和 registered、casual 高度正相关，相关系数分别为 0.69 与 0.97。

习题与作业

参考本章的数据与命令流程，制作北京地区的职位分布热力图。

第十三章

预　测　图

第一节　教学介绍与基本概念

1. 教学目标

利用已有数据，对未来进行预测，求出预测公式。

2. 教学工具

Excel、Python、Jupyter Notebook。

3. 数据库与资源

本章配套电子文件含有如下数据库或资源：
（1）数据库：sales.xlsx。
（2）编程代码：第十三章预测图.ipynb。

4. 基本概念与命令

（1）基本概念

预测图是利用已经有的数据进行趋势预测的图，也称为折线图。常用的线条趋势模型有直线与曲线两种，通常都是根据时间序列数据预测在长时期内呈现连续不断增长或减少的变动趋势。

（2）特点

预测图简单直观，很容易看到数据变化的发展趋势。

（3）应用场景

预测图适合二维的大数据集，可以描述发展的趋势，还适合多个二维数据集的比较。例如，销售额预测图是两个二维数据集（年度，销售额）的折线图，是最常见的可视化图之一。还可以根据现有数据做出趋势公式。

（4）主要命令

预测图的主要命令如下：

```
plt.scatter(XX.index,XX.YY)
plt.plot(XX.index,exp,color='r',label='预测',linewidth=5.0)
```

第二节 使用 Excel 做预测

第一步，打开 Excel 数据表 sales.xlsx，并选中数据，如图 13-1 所示。

	A	B	C
1	index	Month	Revenue
2	1	2018.01	5
3	2	2018.02	4
4	3	2018.03	13
5	4	2018.04	7
6	5	2018.05	15
7	6	2018.06	10
8	7	2018.07	23
9	8	2018.08	27
10	9	2018.09	18
11	10	2018.10	17
12	11	2018.11	15
13	12	2018.12	39
14	13	2019.1	19
15	14	2019.2	30
16	15	2019.3	21
17	16	2019.4	35
18	17	2019.5	62
19	18	2019.6	58
20	19	2019.7	67
21	20	2019.8	38
22	21	2019.9	57
23	22	2019.10	56
24	23	2019.11	43
25	24	2019.12	59

Sheet1

图 13-1 数据表

第二步，单击“插入”菜单，选择折线图，则出现如图 13-2 所示的界面。

第三步，制作预测公式图。在曲线区域，单击右键，选择“添加趋势线”→“线性”，并选中“显示公式”复选框，如图 13-3 所示，则出现预测公式图。再在趋势线处单击右键，对趋势线格式进行设置，最终结果如图 13-4 所示。

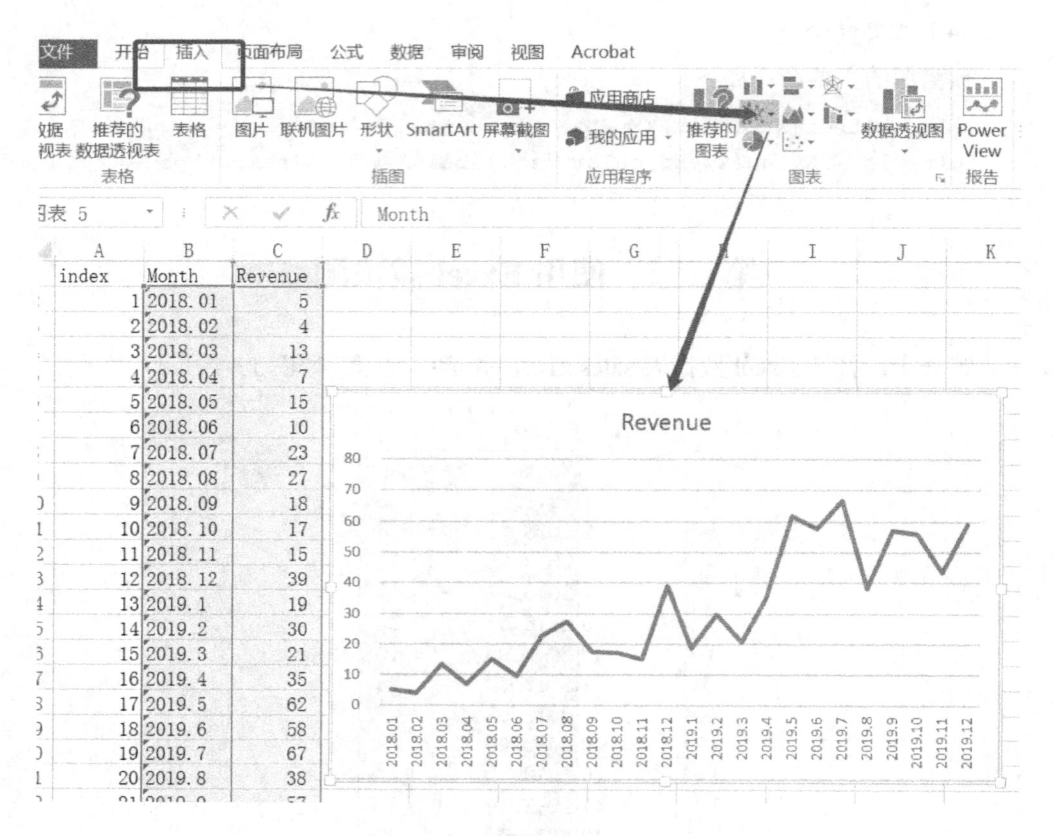

图 13-2　示意图

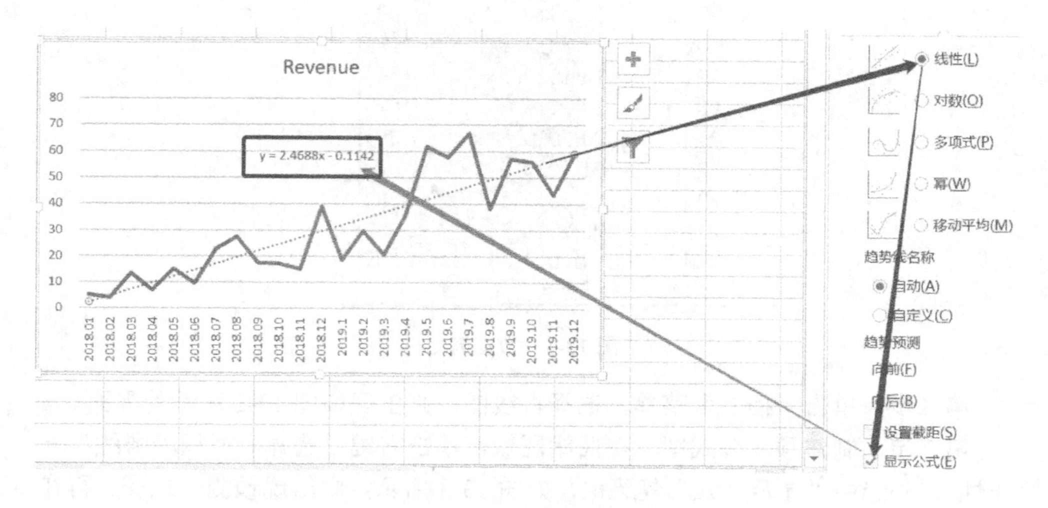

图 13-3　制作图

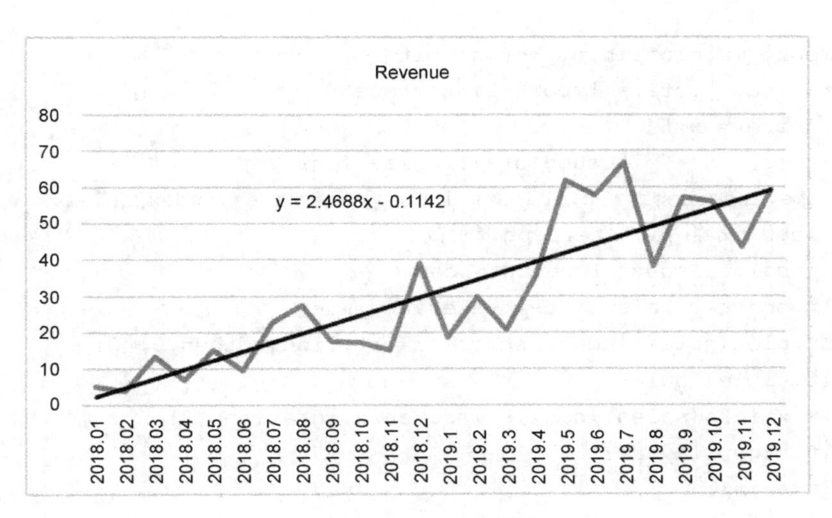

图 13-4　Excel 预测图

第三节　使用 Python 生成预测图

第一步，打开 Jupyter Notebook，载入常用程序包。

```
import seaborn as sns
import pandas as pd
import matplotlib.pyplot as plt
import plotly
import plotly.offline as py
import plotly.express as px
import plotly.graph_objects as go
import dateparser
```

第二步，输入数据，如图 13-5 所示。

	index	Month	Revenue
0	1	2018.01	5.219502
1	2	2018.02	4.075924
2	3	2018.03	13.240190
3	4	2018.04	6.928844
4	5	2018.05	15.120419

图 13-5　数据表（部分）

第三步，输入命令。

```
import pandas as pd
```

```
import matplotlib.pyplot as plt
from scipy.stats import linregress
Figsize = 9,6
figure, ax = plt.subplots(figsize=figsize)
slope,intercept,r,p,std_err=linregress(sales.index,sales.Revenue)
#slope 表示斜率，intercept 表示截距
exp=sales.index*slope+intercept
plt.scatter(sales.index,sales.Revenue)
plt.plot(sales.index,exp,color='r',linewidth=5.0)
plt.title('Sales')
plt.xticks(sales.index,sales.Month,rotation=90)
plt.tight_layout()
plt.show()
```

输出结果如图 13-6 所示。

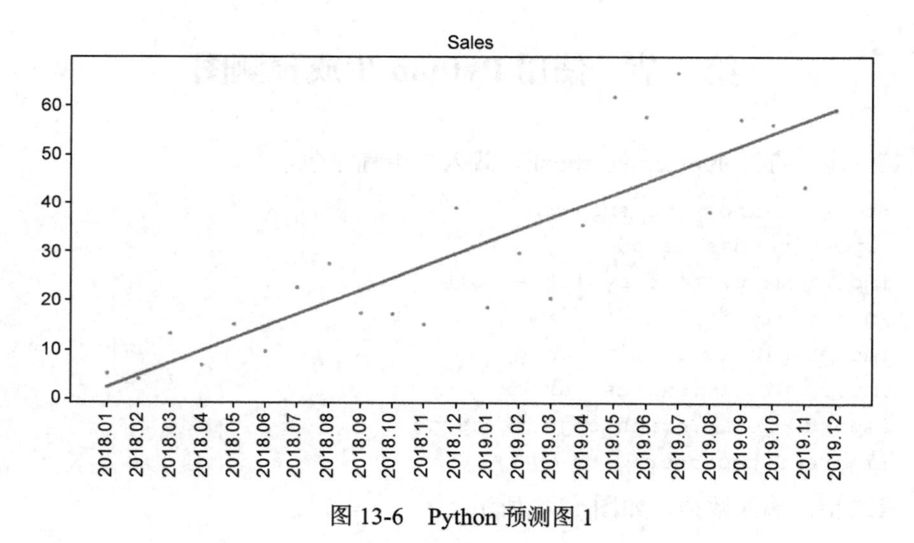

图 13-6 Python 预测图 1

第四步，用以下语句生成预测公式，如图 13-7 所示。

```
slope,intercept,r,p,std_err=linregress(sales.index,sales.Revenue)
#slope 表示斜率，intercept 表示截距
exp=sales.index*slope+intercept
plt.scatter(sales.index,sales.Revenue)
plt.plot(sales.index,exp,color='r',linewidth=5.0)
plt.xticks(sales.index,sales.Month,rotation=90)
plt.tight_layout()
plt.title(f"y={slope}*X+{intercept}")
plt.show()
```

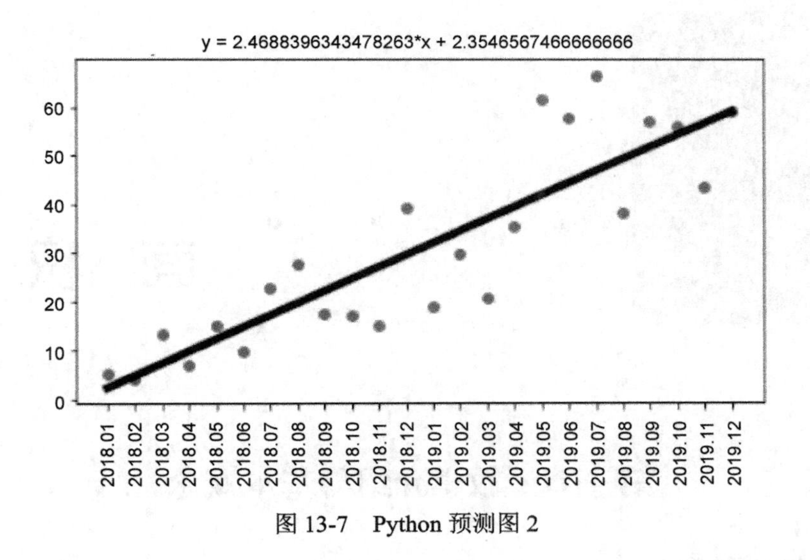

图 13-7　Python 预测图 2

习题与作业

采集航空客流信息，利用本章介绍的方法，制成空中客流的预测图。

第十四章 面积图

第一节 教学介绍与基本概念

1. 教学目标

（1）学会利用 Excel 制作面积图。
（2）学会利用 Python 处理大数据输出面积图。

2. 教学工具

Excel、Python。

3. 数据库与资源

本章配套电子文件含有如下数据库或资源：
（1）数据库：汽车行业走势图.xls。
（2）数据库：police.csv。
（3）编程代码：第十四章面积图.ipynb。

4. 基本概念与命令

（1）基本概念

面积图又称区域图，是在折线图的基础之上形成的。将折线图中折线与自变量坐标轴之间的区域使用颜色进行填充，就形成了面积图。面积图可以更好地突出趋势信息。需要注意的是，颜色可以带有一定的透明度，透明度可以很好地帮助使用者观察不同序列之间的重叠关系，没有透明度的面积图会导致不同序列之间相互遮盖，减少可以被观察到的信息。

（2）特点

面积图可以很好地展现数据沿某个维度的变化趋势，也能比较多组数据在同一个维度上的变化趋势，适合用于对大数据集进行可视化。

（3）应用场景

面积图是强调数量随时间变化的程度，可用于引起人们注意趋势的图形，还可以显示部分与整体的关系，其应用场景如企业分析旗下各产业系列的销售状况，预测将来市场发展趋势等。

（4）主要命令

面积图的主要命令如下：

```
data.groupby('XX').YY.mean().plot.area()
```

第二节　使用 Excel 生成面积图

第一步，准备好相关数据。本例使用的是文件“汽车行业走势图.xls”中的数据，如图 14-1 所示。

A	B	C	D
年度	中国汽车销量（百万辆）	全球汽车销量（百万辆）	中国占比
2001年	2	56	4%
2002年	3	59	5%
2003年	4	61	7%
2004年	5	64	8%
2005年	6	66	9%
2006年	7	69	10%
2007年	8	73	11%
2008年	9	71	13%
2009年	14	61	23%
2010年	18	72	25%
2011年	18.5	76	24%
2012年	19	81	23%
2013年	20	84	24%
2014年	23	87	26%
2015年	25	90	28%
2016年	28	94.9	30%
2017年	28.8	96	30%
2018年	28	92	30%
2019年	25.8	90	29%

图 14-1　汽车销量数据

第二步，选择数据区域。

第三步，单击“插入”→“图表”→“面积”→“堆积面积图”，并修改标题名称，输出结果如图 14-2 所示。

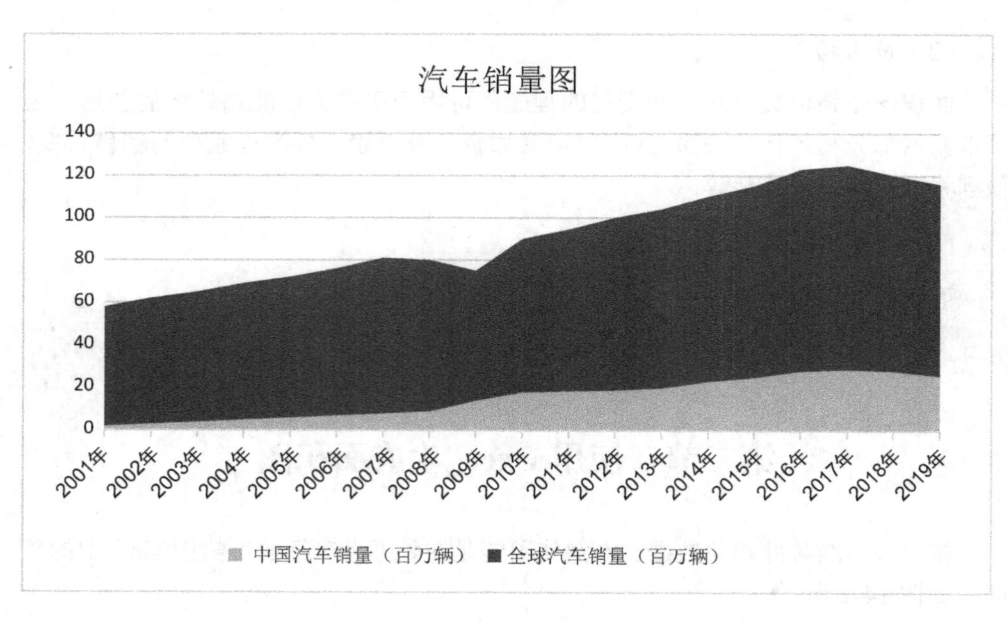

图 14-2　面积图 1

第三节　使用 Python 生成面积图

第一步，打开 Jupyter Notebook，在窗口中输入：

```
#载入常用程序包
import pandas as pd
import matplotlib.pyplot as plt
import plotly
import plotly.offline as py
import plotly.express as px
import plotly.graph_objects as go
import dateparser
```

第二步，读入数据，输出数据表，如图 14-3 所示。

```
#我们下载的是罗德岛的警务数据，这里以 df 代表罗德岛警务数据
df = pd.read_csv('..\\police.csv')
#实现多行输出
from IPython.core.interactiveshell import InteractiveShell
InteractiveShell.ast_node_interactivity = 'all' #默认为'last'
df
```

	stop_date	stop_time	county_name	driver_gender	driver_age_raw	driver_age	dr
0	2005-01-02	01:55	NaN	M	1985.0	20.0	
1	2005-01-18	08:15	NaN	M	1965.0	40.0	
2	2005-01-23	23:15	NaN	M	1972.0	33.0	
3	2005-02-20	17:15	NaN	M	1986.0	19.0	

图 14-3　数据表

第三步，输入命令。

```
df.groupby('violation_raw').search_conducted.mean().plot.area()
plt.xticks(rotation=90, fontsize=12)  #将横坐标竖排，防止重叠
```

第四步，输出图形，如图 14-4 所示。

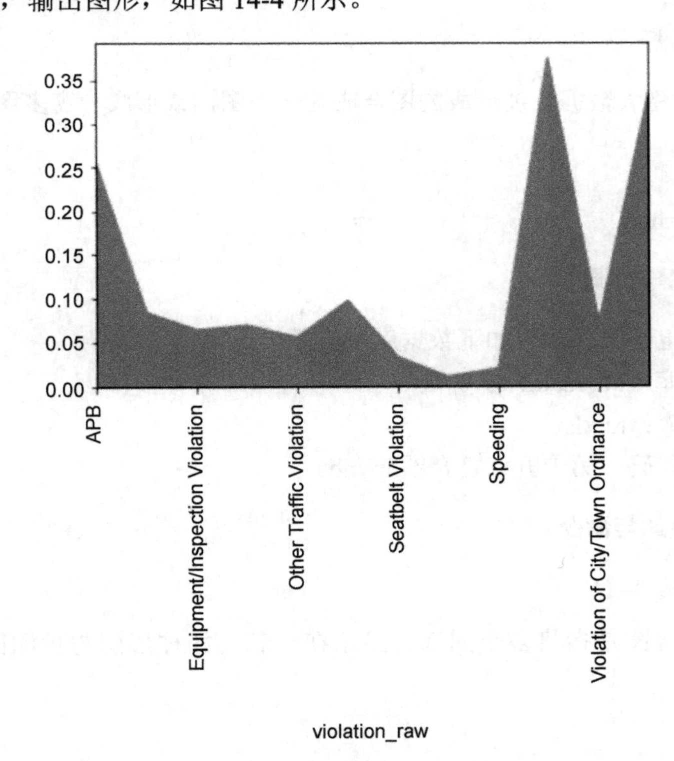

图 14-4　面积图 2

习题与作业

利用本章知识，用 Python 对上学期自己各门课的成绩制作面积图。

第十五章 复合图

第一节 教学介绍与基本概念

1. 教学目标

用 Python 将大数据处理形成的图合成为一张图，或形成一窗多图的输出。

2. 教学工具

Excel、Python。

3. 数据库与资源

本章配套电子文件含有如下数据库或资源：

（1）数据库：bikedata1.csv。

（2）数据库：hr.xls。

（3）编程代码：第十五章复合图.ipynb。

4. 基本概念与命令

（1）基本概念

常见的复合图是指将多个图综合显示在一起，如柱形图与预测图、一窗多图等。

（2）特点

由多个数据系列组合成的复合图，便于解释相对复杂的数据关系。

（3）应用场景

柱形图与折线图、柱形图与柱形图、折线图与折线图以及多种图进行组合或排放于同一窗口时，均用到复合图。

第二节　柱形图与折线图组合

案例 1

打开 Jupyter Notebook，在窗口中输入：

```
import numpy as np
import pandas as pd
import matplotlib.pyplot as plt  #载入需要的程序包
from IPython.core.interactiveshell import InteractiveShell
InteractiveShell.ast_node_interactivity = "all"  #多行输出
plt.rcParams['font.sans-serif']=['SimHei']
plt.rcParams['axes.unicode_minus'] = False   #中文与负号的正确显示
data = pd.read_excel(r'..\\hr.xls',sheet_name='boss_res')  #读入数据库，方框内为实际文件所在的路径，下同。
#将 id 列设为索引
data1 = data.set_index('id')
data1.info()
#去除是实习工作的行，只保留全职工作
drop_lt = data1[data1['full_time']=='否'].index
data2 = data1.drop(drop_lt,axis=0)
data2.info() #删除后还剩 4011 行，一共删除了 76 行
#增加平均年薪列
data2['salary_max']=data2['salary_max'].astype('int64')
data2['salary_year_avg'] = ((data2['salary_min']+data2['salary_max'])/2)*data2['month']
data2['salary_avg'] = data2['salary_year_avg']/12  #增加平均月工资列
data2.head()
data2['education'].value_counts()  #各学历分布情况
data2[data2['education']=='博士']  #要求博士学历的很少，看一下是哪些职位
se = data2.groupby('education')['salary_avg'].median()  #学历与工资的关系
se = se.sort_values(ascending=False)
fig,aa = plt.subplots(1,1,figsize=(8,6))
se.plot(kind='bar',color='green')
plt.title('学历与工资的关系')
plt.show()
#将 id 列设为索引
#学历越高，工资越高
data2[data2['education']=='初中及以下']
#工作经验与工资的关系
```

```
ss = data2.groupby('experience')['salary_avg'].median()
ss = ss.sort_values()
ss.plot(kind= 'bar',figsize=(10,6))
ss.plot(color='orange')
plt.show()
```

输出的数据表如图 15-1 所示，输出的柱形图和复合图如图 15-2 和图 15-3 所示。

education industry	中专/中技	初中及以下	博士	大专	学历不限	本科	硕士	高中
互联网	8.0	NaN	17.5	5.0	5.0	10.0	12.0	3.5
互联网金融	6.0	NaN	NaN	6.0	6.0	10.0	2.0	10.0
企业服务	10.0	NaN	NaN	4.0	5.0	8.0	7.0	3.0
医疗健康	4.0	NaN	NaN	4.0	8.0	6.0	6.0	5.0
数据服务	NaN	NaN	NaN	6.0	3.5	7.0	8.0	NaN
生活服务	4.0	NaN	NaN	4.0	4.0	6.0	20.0	4.0
电子商务	3.0	NaN	NaN	5.0	5.0	7.0	6.5	6.0
移动互联网	NaN	9.0	NaN	5.0	5.5	11.0	9.5	3.0
计算机软件	3.0	NaN	10.0	6.0	4.0	9.0	11.0	NaN
贸易/进出口	NaN	NaN	NaN	4.0	4.0	6.0	NaN	5.0

图 15-1　数据表 1

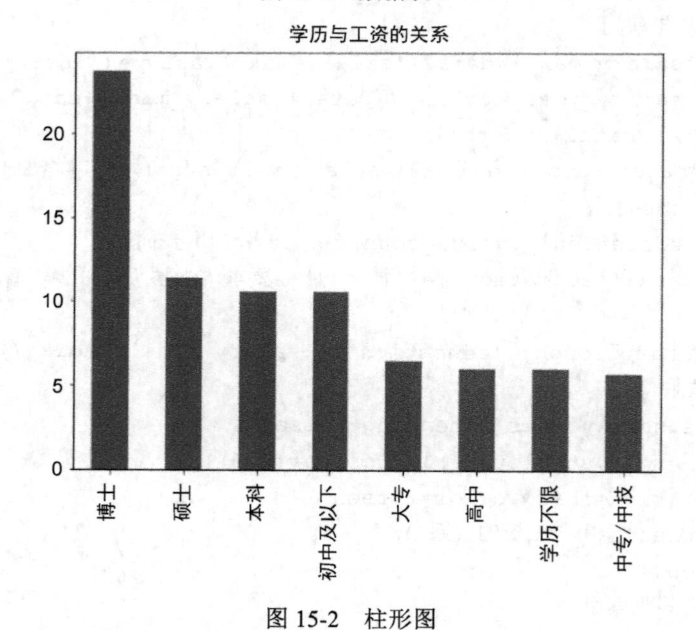

图 15-2　柱形图

由图 15-3 可见，工作经验越丰富，工资越高。经验为 1 年以内的与经验不限的工资水平基本一样。从折线斜率看，新人在参加工作的前 1～2 年工资平稳增长，越往后增长越快。

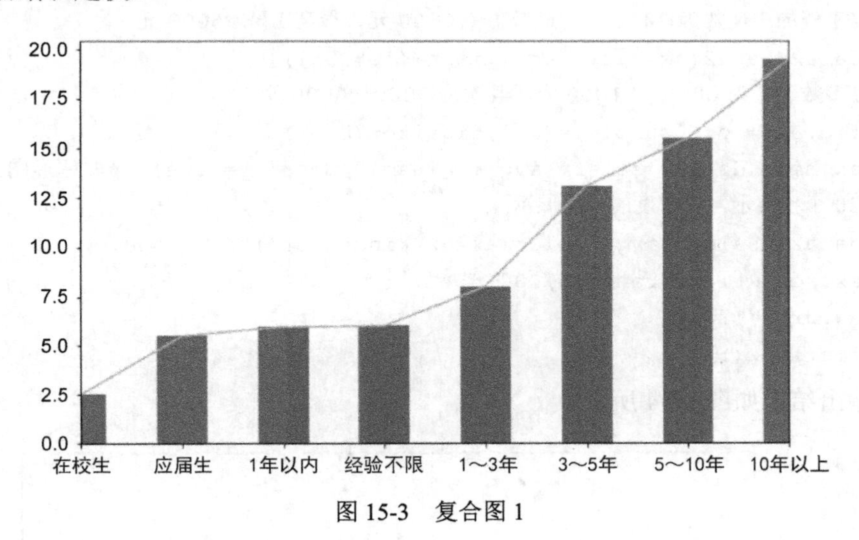

图 15-3　复合图 1

案例 2

打开 Jupyter Notebook，在窗口中输入：

```
import numpy as np
import pandas as pd
import matplotlib.pyplot as plt  #输入需要的程序包
from IPython.core.interactiveshell import InteractiveShell
InteractiveShell.ast_node_interactivity = "all"  #多行输出
plt.rcParams['font.sans-serif']=['SimHei']
plt.rcParams['axes.unicode_minus'] = False   #中文与负号的正确显示
data = pd.read_excel(r'..\\hr.xls',sheet_name='boss_res')  #读入数据库，方框内为数据文件实际所在位置
#将 id 列设为索引
data1 = data.set_index('id')
data1.info()
#去除是实习工作的行，只保留全职工作
drop_lt = data1[data1['full_time']=='否'].index
data2 = data1.drop(drop_lt,axis=0)
data2.info()  #删除后还剩 4011 行，一共删除了 76 行
#增加平均年薪列
data2['salary_max']=data2['salary_max'].astype('int64')
data2['salary_year_avg'] = ((data2['salary_min']+data2['salary_max'])/2) *data2['month']
data2['salary_avg'] = data2['salary_year_avg']/12  #增加平均月工资列
```

```
data2.head()
#工资的中位数为 8000 元，最低工资 1500 元，最高工资 95000 元
data2[data2['salary_avg'].isin([1.5,95])]
#多数工资为 6000～11000 元，其次为 3000～6000 元
fig,ax = plt.subplots(1,1,figsize=(8,6))
ax.hist(data2['salary_avg'],bins=20,density=True)  #做柱形图，按20 个柱展示，以密度的形式展示
data2['salary_avg'].plot(ax=ax,kind='kde')
ax.set_xticks(range(5,100,5))
ax.grid(True)
plt.show()
```

输出结果如图 15-4 所示。

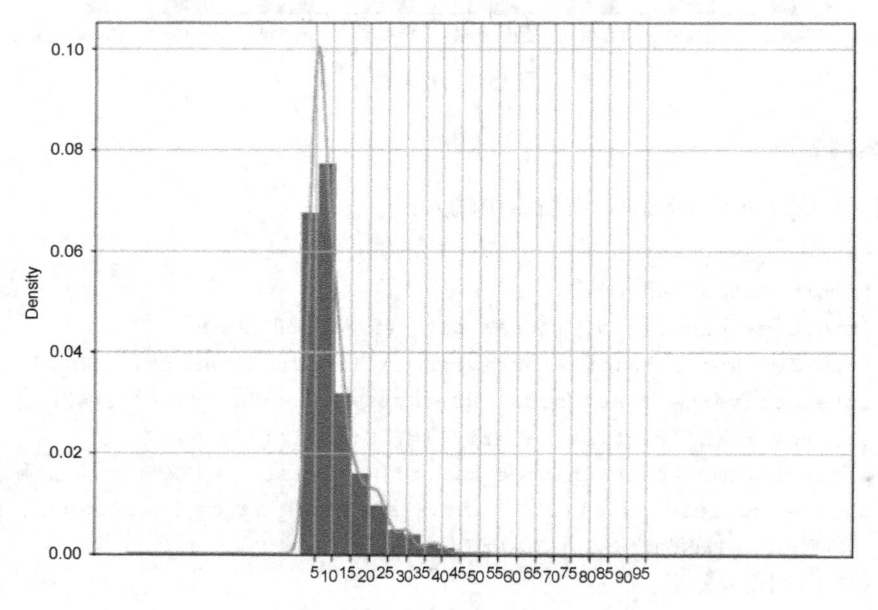

图 15-4　复合图 2

第三节　双折线组合

打开 Jupyter Notebook，在窗口中输入：

```
from matplotlib import pyplot
import matplotlib.pyplot as plt
names = range(1,14)
names = [str(x) for x in list(names)]
x = range(len(names))
```

```
y_train = [0.54,0.53,0.55,0.56,0.52,0.53,0.52,0.51,0.5,0.49,0.51,
0.5,0.52]
y_test = [0.53,0.54,0.54,0.53,0.51,0.51,0.50,0.54,0.53,0.51,0.52,
0.49,0.51]
plt.plot(x, y_train, marker='o', mec='r', mfc='w',label='y1')
plt.plot(x, y_test, marker='*', ms=10,label='y2')
plt.legend()  #让图例生效
plt.xticks(x, names, rotation=1)
plt.margins(0)
plt.subplots_adjust(bottom=0.10)
plt.xlabel('x')  #x 轴标签
plt.ylabel("y")  #y 轴标签
pyplot.yticks([0.45,0.50,0.55])
plt.show
```

输出结果如图 15-5 所示。

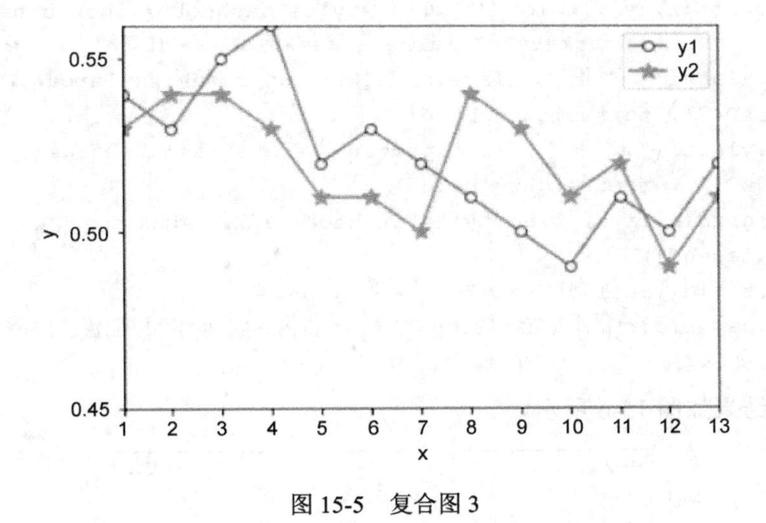

图 15-5　复合图 3

第四节　双 y 轴组合

打开 Jupyter Notebook，在窗口中输入：

```
import numpy as np
import matplotlib.pyplot as plt
x = np.array([1, 2, 3, 4, 5, 6, 7, 8, 9,10,11,12])
y1 = np.array([800, 2000, 5000, 6000, 3000, 2000, 3800, 4400,
4600,5000,6000,6500])
y2 = np.array([0.54, 0.34, 0.39,
```

```
                  0.41, 0.32, 0.33,
                  0.62, 0.12, 0.15,
                  0.2,0.3,0.32])
plt.rcParams['font.sans-serif'] = ['KaiTi']
plt.rcParams['axes.unicode_minus'] = False
fig = plt.figure()
plt.figure(figsize=(8, 6))
plt.plot(x, y1, color="k",linestyle="solid",linewidth=1,
            marker="o",markersize=3,label='人数')
plt.xlabel("月份", labelpad=10, fontsize='xx-large', color=
'#70AD47', fontweight='bold')
plt.ylabel("人数", labelpad=10, fontsize='xx-large', color=
'#70AD47', fontweight='bold')
plt.grid(b=True, linestyle="dashed", linewidth=1)
plt.legend(loc="upper left")
plt.twinx()
plt.plot(x, y2, color="k",linestyle="dashdot",linewidth=1,
            marker="o",markersize=3,label='比率')
plt.xlabel("月份", labelpad=10, fontsize='xx-large', color=
'#70AD47', fontweight='bold')
plt.ylabel("比率", labelpad=10, fontsize='xx-large', color=
'#70AD47', fontweight='bold')
plt.grid(b=True, linestyle="dashed", linewidth=1)
plt.legend()
plt.title(label="",loc="center")
plt.savefig(r"..\\双y轴.pdf")  #方框内为实际的存放位置的路径
plt.show()
```

输出结果如图 15-6 所示。

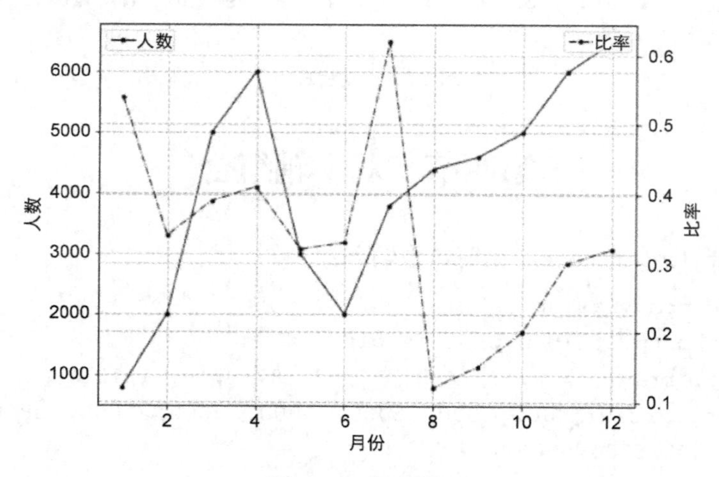

图 15-6　复合图 4

第五节　一窗两图

打开 Jupyter Notebook，在窗口中输入：

```
import numpy as np
import pandas as pd
import matplotlib.pyplot as plt  #载入需要的程序包
from IPython.core.interactiveshell import InteractiveShell
InteractiveShell.ast_node_interactivity = "all"  #多行输出
plt.rcParams['font.sans-serif']=['SimHei']
plt.rcParams['axes.unicode_minus'] = False   #中文与负号的正确显示
data = pd.read_excel(r'F:\\..\hr.xls',sheet_name='boss_res')
#读入数据库
#将 id 列设为索引
data1 = data.set_index('id')
data1.info()
#去除是实习工作的行，只保留全职工作
drop_lt = data1[data1['full_time']=='否'].index
data2 = data1.drop(drop_lt,axis=0)
data2.info()  #删除后还剩 4011 行，一共删除了 76 行
#增加平均年薪列
data2['salary_max']=data2['salary_max'].astype('int64')
data2['salary_year_avg'] = ((data2['salary_min']+data2['salary_
max'])/2)*data2['month']
data2['salary_avg'] = data2['salary_year_avg']/12  #增加平均月工资列
data2.head()
#分析上海情况
sh = data2[data2['city']=='上海']
sh.info()
#area 列有几个空值，进行补值
sh.loc[:,'area'] = sh['area'].fillna(method='bfill')
sh.info()
#挑选前 10 个热门行业做分析
industry_lt = data2['industry'].value_counts().head(10).index.
tolist()
industry_data = data2[data2['industry'].isin(industry_lt)]
res = industry_data.groupby(['industry','education'])['salary_
min'].median()
df = res.unstack(-1)  #柱形图中不堆积，-1 是指默认值，由按行索引转为列索引
fig,axe = plt.subplots(1,2,figsize=(16,6))
sh.groupby('situation')['job_title'].count().plot(kind='bar',ax=
axe[0],color='gold',width=0.8)
```

```
sh.groupby('scale')['job_title'].count().plot(kind='bar',ax=axe
[1],color='lightsalmon')    #两个柱形图并列
plt.subplots_adjust(wspace=0.2,hspace=2)
plt.show()
df.head(10)
```

数据表与输出结果如图 15-7、图 15-8 所示。

d	job_title	experience	education	company_name	industry	situation	scale	city	area	salary_min	salary_max	full_time	month	salary_year_avg	salary_avg
1	数据分析	1年以内	本科	璀越联合	互联网	不需要融资	1000-9999人	北京	东城区	6	10	是	12	96.0	8.0
2	数据分析师	1-3年	大专	小泽文化	培训机构	未融资	500-999人	北京	NaN	8	12	是	12	120.0	10.0
3	数据分析师（项目管理方向）	1-3年	本科	北京博万管理咨询	汽车生产	A轮	100-499人	北京	NaN	6	8	是	12	84.0	7.0
4	商业化数据分析师	经验不限	本科	茄子快传	互联网	B轮	100-499人	北京	海淀区	15	30	是	12	270.0	22.5
6	数据分析师（车贷业务）	1-3年	本科	北京恒昌利通	互联网金融	未融资	10000人以上	北京	朝阳区	9	14	是	12	138.0	11.5

图 15-7　数据表 2

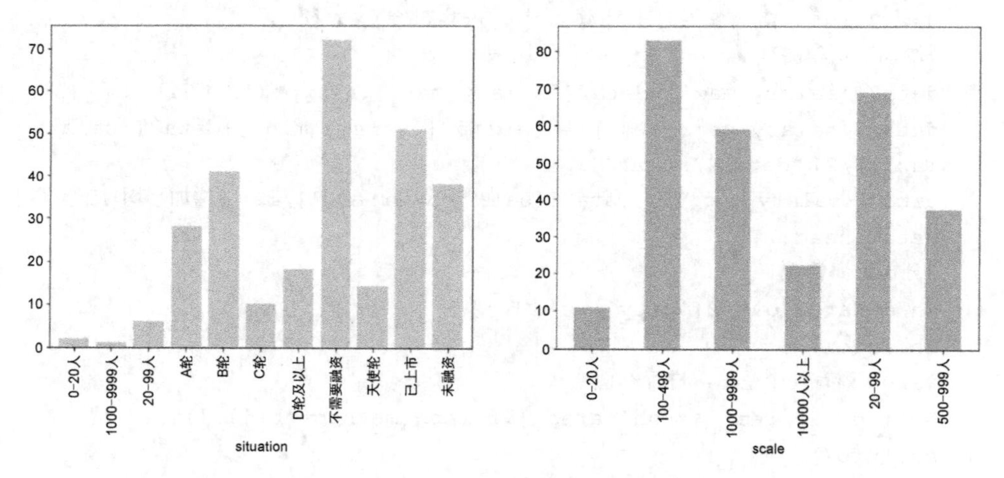

图 15-8　复合图 5

第六节　一窗多图

一窗多图主要语句如下：

```
plt.subplot2grid(shape, loc, rowspan=1, colspan=1, **kwargs)
```

shape：指定组合图的框架形状，以元组形式传递，如 2×3 的矩阵可以表示

成(2,3)。

loc：指定子图所在的位置，如 shape 中第一行第一列可以表示成(0,0)。

rowspan：指定某个子图需要跨几行。

colspan：指定某个子图需要跨几列。

第一步，打开 Jupyter Notebook，载入程序包：

```
import seaborn as sns
import pandas as pd
import numpy as np
import matplotlib.pyplot as plt  #载入需要的程序包
from IPython.core.interactiveshell import InteractiveShell
InteractiveShell.ast_node_interactivity = "all"  #多行输出
```

第二步，输入数据。打开本章配套电子文件中的配套数据表“Prod_Trade.xlsx”，数据表如图 15-9 所示。

```
#读取数据
Prod_Trade = pd.read_excel('..\\Prod_Trade.xlsx')  #方框内实际存放位置的路径
Prod_Trade
```

	year	month	Order_Class	Sales	Trans_Cost	Transport	Region	Category	Box_Type
0	2020	1	低	300	30	火车	华北	办公	中
1	2020	2	高	100	9	汽车	华北	家具	小
2	2020	3	中	2600	27	飞机	华北	电器	大
3	2020	2	低	1700	18	飞机	华北	办公	大
4	2020	3	高	160	5	火车	西南	电器	中
5	2020	3	中	280	20	火车	华南	电器	中
6	2020	3	中	350	35	汽车	西南	电器	中
7	2020	4	低	26	5	飞机	华北	电器	小
8	2020	4	高	2888	20	飞机	华北	电器	大
9	2020	3	低	3000	50	火车	东北	电器	大
10	2020	7	中	100	5	火车	华北	电器	小

图 15-9　数据表 3

第三步，设置子图。

```
#设置大图框的长和高
plt.figure(figsize = (12,6))
#设置第一个子图的布局
ax1 = plt.subplot2grid(shape = (2,3), loc = (0,0))
#统计 2020 年各订单等级的数量
```

```
Class_Counts = Prod_Trade.Order_Class[Prod_Trade.year == 2020].
value_counts()
Class_Percent = Class_Counts/Class_Counts.sum()
#将饼图设置为圆形(否则有点像椭圆)
ax1.set_aspect(aspect = 'equal')
#绘制订单等级饼图
ax1.pie(x = Class_Percent.values, labels = Class_Percent.index,
autopct = '%.1f%%')
#添加标题
ax1.set_title('各等级订单比例')
#设置第二个子图的布局
ax2 = plt.subplot2grid(shape = (2,3), loc = (0,1))
#统计 2020 年每月销售额
Month_Sales = Prod_Trade[Prod_Trade.year == 2020].groupby(by =
'month').aggregate({'Sales':np.sum})
#绘制销售额趋势图
Month_Sales.plot(title = '2020 年各月销售趋势', ax = ax2, legend =
False)
#删除 x 轴标签
ax2.set_xlabel('')
#设置第三个子图的布局
ax3 = plt.subplot2grid(shape = (2,3), loc = (0,2), rowspan = 2)
#绘制各运输方式的成本箱形图
sns.boxplot(x = 'Transport', y = 'Trans_Cost', data = Prod_Trade,
ax = ax3)
#添加标题
ax3.set_title('各运输方式成本分布')
#删除 x 轴标签
ax3.set_xlabel('')
#修改 y 轴标签
ax3.set_ylabel('运输成本')
#设置第四个子图的布局
ax4 = plt.subplot2grid(shape = (2,3), loc = (1,0), colspan = 2)
#2020 年客单价分布直方图
sns.distplot(Prod_Trade.Sales[Prod_Trade.year == 2020], bins =
40, norm_hist = True, ax = ax4, hist_kws = {'color':'steelblue'},
kde_kws=({'linestyle':'--', 'color':'red'}))
#添加标题
ax4.set_title('2020 年客单价分布图')
#修改 x 轴标签
ax4.set_xlabel('销售额')
#调整子图之间的水平间距和高度间距
```

```
plt.subplots_adjust(hspace=0.6, wspace=0.3)
#图形显示
plt.show()
```

输出结果如图 15-10 所示。

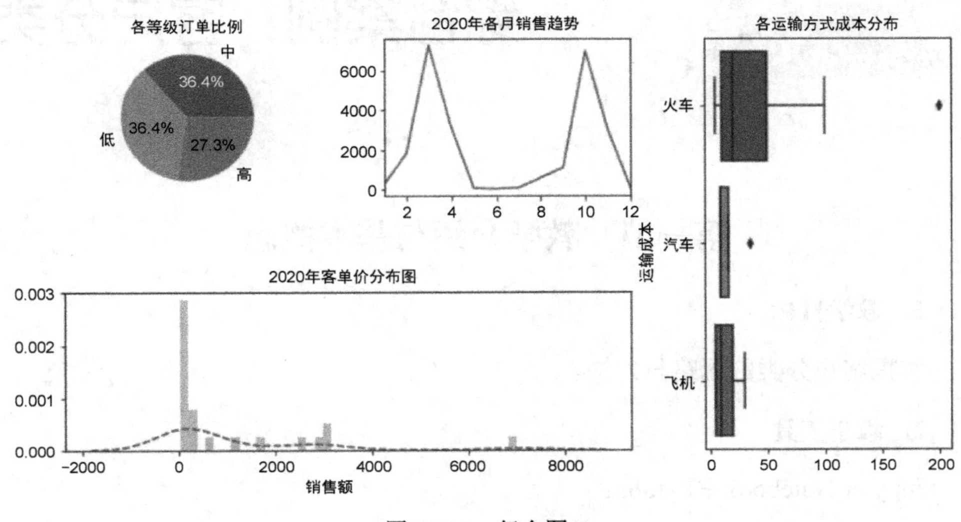

图 15-10　复合图 6

习题与作业

结合本章配套电子文件中的数据，或自行搜集数据，对学历与薪酬关系做柱形图与预测图的复合图。

第十六章

综合案例：客户分类

第一节　教学介绍与基本概念

1. 教学目标

掌握客户分类的思路与方法。

2. 教学工具

Jupyter Notebook + Python。

3. 数据库与资源

本章配套电子文件含有如下数据库或资源：

（1）数据库：data.csv。

（2）编程代码：第十六章客户分类代码.docx（注：从本章开始，因编程较为复杂，均提供 Word 版代码）。

4. 基本概念

企业有时需要根据客户的信息对客户进行分类管理，可根据客户重要程度、客户来源、客户偏好等对客户分类，以便实现更好的客户服务和营销。本书采用 RFM 模型的原理，对比分析不同客户群体在时间、地区等维度下的交易量、交易额指标，据此得出分析结果。RFM 中 R、F、M 的含义分别如下：

R：最近一次消费时间（最近一次消费的时间到参考时间的时间长度）。

F：消费频次（单位时间内消费了多少次）。

M：消费金额（单位时间内总的消费金额）。

第二节　客户分类

1. 主要思路

1）清洗数据，去除掉退单的数据和异常值。

2）按照 RFM 模型公式，计算各个模块的数值。
3）通过数据的划分，将模型的三个模块按照重要性进行划分。
4）通过自定义函数，将模型进行整理。
5）通过柱形图和饼状图对模型所划分的区域进行展示。

2. 主要操作步骤

第一步，打开 Jupyter Notebook，在窗口中载入程序包。

```
#常用程序包
import numpy as np
import pandas as pd
import matplotlib.pyplot as plt
import plotly as py
import plotly.express as px
import  plotly.graph_objects as go
import seaborn as sns
import dateparser
#实现多行输出
from IPython.core.interactiveshell import InteractiveShell
InteractiveShell.ast_node_interactivity = 'all'  #默认为'last'
#中文乱码的处理
plt.rcParams['font.sans-serif'] =['Microsoft YaHei']
plt.rcParams['axes.unicode_minus'] = False
```

第二步，读入数据，原始数据表如图 16-1 所示。

```
data = pd.read_csv('../data.csv')
data
```

	InvoiceNo	StockCode	Description	Quantity	InvoiceDate	UnitPrice	CustomerID	Country/Region
0	536365	85123A	WHITE HANGING HEART T-LIGHT HOLDER	6	12/1/2010 8:26	2.55	17850	United Kingdom
1	536365	71053	WHITE METAL LANTERN	6	12/1/2010 8:26	3.39	17850	United Kingdom
2	536365	84406B	CREAM CUPID HEARTS COAT HANGER	8	12/1/2010 8:26	2.75	17850	United Kingdom
3	536365	84029G	KNITTED UNION FLAG HOT WATER BOTTLE	6	12/1/2010 8:26	3.39	17850	United Kingdom
4	536365	84029E	RED WOOLLY HOTTIE WHITE HEART	6	12/1/2010 8:26	3.39	17850	United Kingdom
...	...	...	...	...	...	...	...	...
541904	581587	22613	PACK OF 20 SPACEBOY NAPKINS	12	12/9/2011 12:50	0.85	12680	France
541905	581587	22899	CHILDREN'S APRON DOLLY GIRL	6	12/9/2011 12:50	2.10	12680	France
541906	581587	23254	CHILDRENS CUTLERY DOLLY GIRL	4	12/9/2011 12:50	4.15	12680	France
541907	581587	23255	CHILDRENS CUTLERY CIRCUS PARADE	4	12/9/2011 12:50	4.15	12680	France
541908	581587	22138	BAKING SET 9 PIECE RETROSPOT	3	12/9/2011 12:50	4.95	12680	France

541909 rows × 8 columns

图 16-1　原始数据表

数据表说明见表 16-1。

表 16-1　数据表说明

字　段	说　明
InvoiceNo	订单编号，含有 6 个整数，退货订单编号开头有字母 C
StockCode	产品编号
Description	产品描述
Quantity	产品数量，有负号表示退货
InvoiceDate	订单日期和时间
UnitPrice	单位产品的价格，单位为英镑
CustomerID	客户编号，由 5 位数字组成
Country/Region	每个客户所在的国家/地区的名称

第三步，进行数据库清洗，整理后的数据表如图 16-2 所示。

```
#进行数据清洗
print(data.info())
#从输出信息上来看，发现 CustomerID 大量缺失，Description 少量缺失
#去除掉重复值
data = data.drop_duplicates()
#通过 Description 信息查看是否出现异常值
print(data.describe())
#发现 UnitPrice 出现负值，需要剔除，退货数据也必须剔除掉
data=data[(data['UnitPrice']>0)&(data['Quantity']>0)]
#接下来将缺失的 CustomerID 归为一类代号 U
data['CustomerID'].fillna('U',inplace=True)
```

	InvoiceNo	StockCode	Description	Quantity	InvoiceDate	UnitPrice	CustomerID	Country/Region
0	536365	85123A	WHITE HANGING HEART T-LIGHT HOLDER	6	12/1/2010 8:26	2.55	17850	United Kingdom
1	536365	71053	WHITE METAL LANTERN	6	12/1/2010 8:26	3.39	17850	United Kingdom
2	536365	84406B	CREAM CUPID HEARTS COAT HANGER	8	12/1/2010 8:26	2.75	17850	United Kingdom
3	536365	84029G	KNITTED UNION FLAG HOT WATER BOTTLE	6	12/1/2010 8:26	3.39	17850	United Kingdom
4	536365	84029E	RED WOOLLY HOTTIE WHITE HEART.	6	12/1/2010 8:26	3.39	17850	United Kingdom
...	...	...	...	...	...	...	...	...
541904	581587	22613	PACK OF 20 SPACEBOY NAPKINS	12	12/9/2011 12:50	0.85	12680	France
541905	581587	22899	CHILDREN'S APRON DOLLY GIRL	6	12/9/2011 12:50	2.10	12680	France
541906	581587	23254	CHILDRENS CUTLERY DOLLY GIRL	4	12/9/2011 12:50	4.15	12680	France
541907	581587	23255	CHILDRENS CUTLERY CIRCUS PARADE	4	12/9/2011 12:50	4.15	12680	France
541908	581587	22138	BAKING SET 9 PIECE RETROSPOT	3	12/9/2011 12:50	4.95	12680	France

524878 rows × 8 columns

图 16-2　整理后的数据表

第四步，增加列，并输出图。输出的图形如图 16-3 所示。

```
data['Data'] = [i[0] for i in data['InvoiceDate'].str.split(' ')]
data['InvoiceDate'] = pd.to_datetime(data['Data'],errors='coerce')
#增加三列分别记录年、月、日
data['Year'] = data['InvoiceDate'].dt.year
```

```
data['Month'] = data['InvoiceDate'].dt.month
data['Day'] = data['InvoiceDate'].dt.day
Customerdata =data['InvoiceDate'].max()- data.groupby('CustomerID')
['InvoiceDate'].max()
R_Customer = Customerdata.dt.days
plt.hist(R_Customer,bins=30)
plt.show()
```

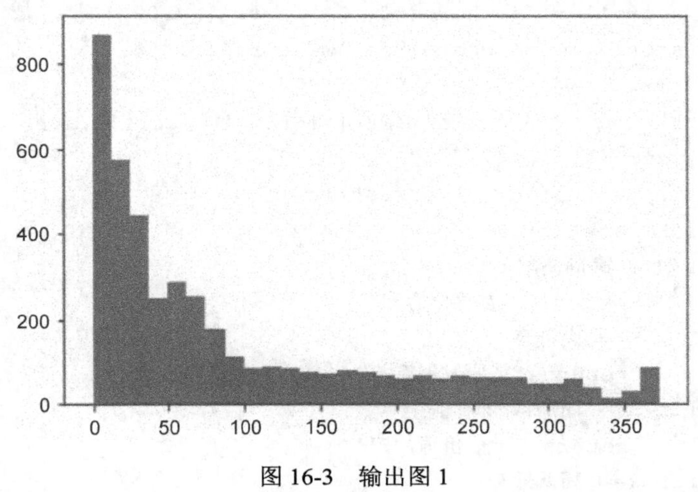

图 16-3　输出图 1

第五步，统计订单数。

```
#统计消费的频次，也就是每个客户购买的订单数
F_Custumer = data.groupby('CustomerID')['InvoiceNo'].nunique()
#统计消费的金额
data['Amount'] = data['UnitPrice']*data['Quantity']
M_Custumer = data.groupby('CustomerID')['Amount'].sum()
```

第六步，可视化

```
#以上统计完成，接下来进行分组和数据可视化
R_bins = [0,30,90,180,360,720]
F_bins = [1,2,5,10,20,5000]
M_bins = [0,500,2000,5000,10000,200000]
R_score  =  pd.cut(R_Customer,R_bins,labels=[5,4,3,2,1],right=
False)  #right=False，所划分区间是左闭右开的
F_score   =   pd.cut(F_Custumer,F_bins,labels=[1,2,3,4,5],right=
False)
M_score   =   pd.cut(M_Custumer,M_bins,labels=[1,2,3,4,5],right=
False)
rfm = pd.concat([R_score,F_score,M_score],axis=1)
#从结果中看到，列名默认是采用原数据自带的列名，这里我们做一下修改
rfm.rename(columns={'InvoiceDate':'R_score','InvoiceNo':'F_score',
```

```
'Amount':'M_score'},inplace=True)
rfm = rfm.astype(float)
print(rfm.describe())  #通过查看均值来对用户进行分级
#R_scpre-mean():3.82
#F_score-mean():2.02
#M_score-mean():1.88
rfm['R_score'] = np.where(rfm['R_score']>3.82,'高','低')
rfm['F_score'] = np.where(rfm['F_score']>2.02,'高','低')
rfm['M_score'] = np.where(rfm['M_score']>1.88,'高','低')
#将这三个拼接到一起
rfm['All'] = rfm['R_score'].str[:]+rfm['F_score'].str[:]+rfm['M_
score'].str[:]
rfm['All'] = rfm['All'].str.strip()
def CheckClass(x):
    if(x=='高高高'):
        return '重要价值客户'
    elif x=='高低高':
        return '重要发展客户'
    elif x=='高高低':
        return '一般价值用户'
    elif x=='高低低':
        return '一般发展客户'
    elif x=='低高高':
        return '重要保持客户'
    elif x=='低高低':
        return '重要发展客户'
    elif x=='低低高':
        return '重要挽留客户'
    elif x=='低低低':
        return '一般挽留客户'
rfm['用户等级'] = rfm['All'].apply(CheckClass)
#用户等级数量可视化-柱形图
Bar = go.Bar(x=rfm['用户等级'].value_counts().index,y=rfm['用户等
级'].value_counts(),opacity=0.5,marker=dict(color='orange'))
fig = go.Figure(data=[Bar],layout=layout)
py.offline.plot(fig,filename='CustomerNumber.html')
#将用户等级可视化-饼图
Pie = go.Pie(labels=rfm['用户等级'].value_counts().index,values=
rfm['用户等级'].value_counts())
fig = go.Figure(data=[Pie],layout=layout)
py.offline.plot(fig,filename='CustomerClass.html')
```

输出两个结果图，如图 16-4、图 16-5 所示。

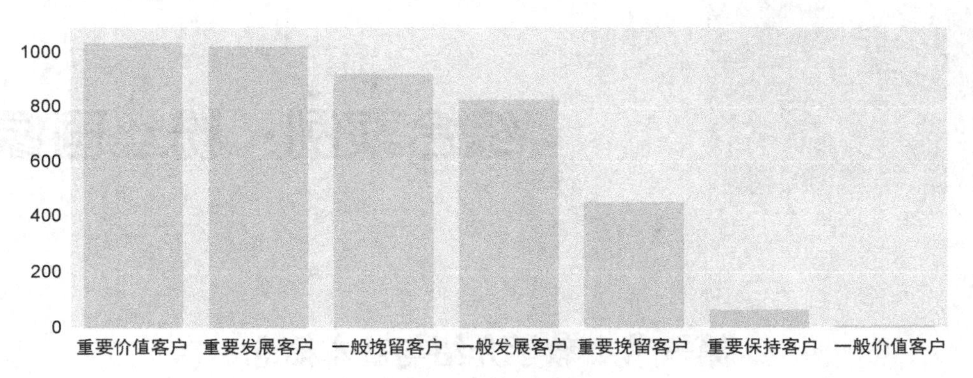

图 16-4　输出图 2

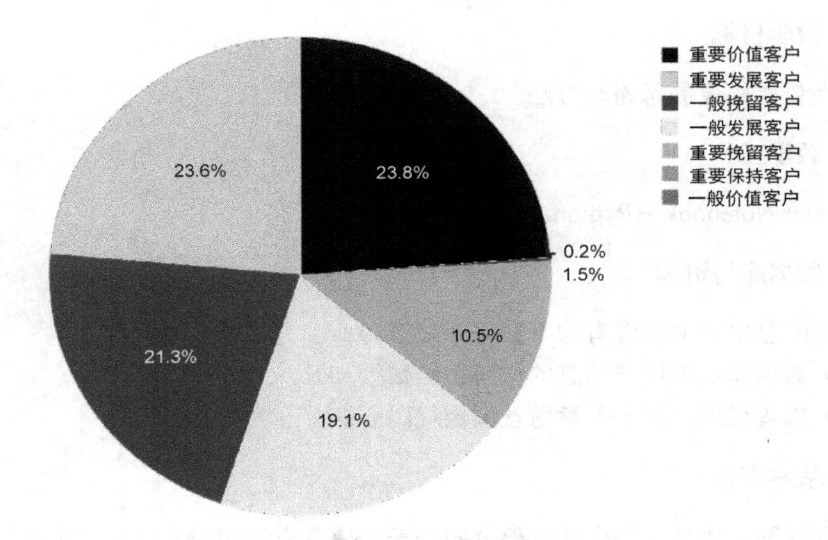

图 16-5　输出图 3

习题与作业

总结本章中运用了哪些 Python 基本命令。

第十七章

综合案例：粉丝画像

第一节　教学介绍与基本概念

1. 教学目标

掌握粉丝画像的思路与方法。

2. 教学工具

Jupyter Notebook + Python。

3. 数据库与资源

本章配套电子文件含有如下数据库或资源：

（1）数据库：带用户信息的微博粉丝数据.xlsx。

（2）编程代码：第十七章粉丝画像代码.docx。

4. 基本概念

在互联网已成为人们生活一部分的今天，信息交流空前发达，每个人、每个企业都可以成为一个信息源、一个媒体，从而拥有相应的粉丝。是什么样的粉丝在关注自己？这是很多人和组织想知道的事情。粉丝画像就是根据大数据对关注某人或某组织的粉丝进行特征分析，了解其共同点和特异性。粉丝画像在微博运营、微信公众号运营、电子零售等网络营销领域是十分有用的工具，是大数据分析的一个重要应用场景。

第二节　使用 Python 对微博粉丝画像

第一步，打开 Jupyter Notebook，在窗口中导入程序包。

```
import numpy as np  #导入numpy并重命名为np
import pandas as pd  #导入pandas并重命名为pd
```

```
import plotly
import plotly.offline as py
import plotly.express as px
import plotly.graph_objects as go
import dateparser
from pylab import mpl
mpl.rcParams['font.sans-serif'] = ['SimHei']  #设置中文字体
from datetime import datetime
import calendar
import matplotlib.pyplot as plt
import seaborn as sn
```

第二步，导入数据，数据表如图 17-1 所示。

```
data = pd.read_excel('..\\带用户信息的微博粉丝数据.xlsx', sheet_name="Sheet1")  #方框内应输入实际路径
data
```

	发表时间	所用设备	微博内容	点赞数	评论数	转发数	用户ID	用户名称	VIP等级	关注数	粉丝数	性别	微博认证（简介）	等级	阳光信用	注册时间
0	2017-11-06 22:34:03	iPhone 7 Plus	你们都是怎么回应球场上对手的挑衅的？#只因为篮球# ???	30	29	3	2358578625	篮球之声	6.0	284	504335	男	知名体育博主体育视频自媒体	42	较好	2011-09-15
1	2018-04-03 17:59:00	微博 weibo.com	一条视频诠释，什么叫靠实力单身到现在。声色NBA的微博视频 ???	27	18	9	1737961042	新浪中国篮球	4.0	1422	2829961	男	新浪网中国篮球CBA报道	46	NaN	NaT
2	2017-11-06 21:33:02	iPhone 7 Plus	你见过这么高清的科比投篮动态图吗？亲临其境的画面感，没有亲眼见过科比打球，但是可以亲身感受下...	1010	76	487	2358578625	篮球之声	6.0	284	504335	男	知名体育博主体育视频自媒体	42	较好	2011-09-15
3	2018-04-03 17:32:00	专业版微博	国际篮联U16亚洲男篮锦标赛第二比赛日的比赛继续进行，首个比赛日轮空的中国U16国青男篮迎战...	25	3	0	1737961042	新浪中国篮球	4.0	1422	2829961	男	新浪网中国篮球CBA报道	46	NaN	NaT
4	2017-11-06 19:31:03	微博 weibo.com	都说七年之痒，七年之后你还会像现在一样喜欢这支勇士队吗？ #只因为篮球# 只因为篮球的秒拍...	59	27	21	2358578625	篮球之声	6.0	284	504335	男	知名体育博主体育视频自媒体	42	较好	2011-09-15

图 17-1　数据表（部分）

注：NaT 表示缺失数据。

第三步，显示性别比例，分析结果如图 17-2 所示。

```
#显示性别比例
from IPython.core.interactiveshell import InteractiveShell
InteractiveShell.ast_node_interactivity = 'all'
sex = data['性别'].value_counts()
pic,axes = plt.subplots(1,1)
sex.plot(kind='pie',autopct='%.2f%%',radius=2,fontsize=14)  #饼图的制作
plt.show()
```

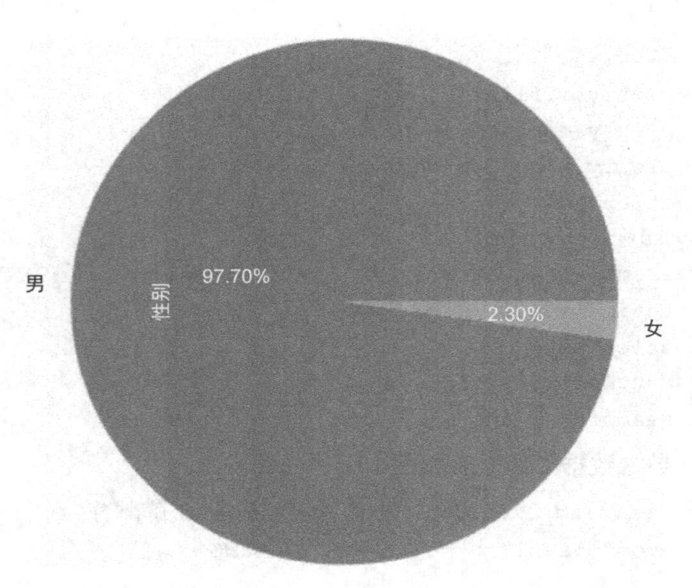

图 17-2　饼图 1

第四步，生成显示博主数据的饼图，如图 17-3 所示。

```
renzheng = data['微博认证(简介)'].value_counts()
pic,axes = plt.subplots(1,1)
renzheng.plot(kind='pie',autopct='%.2f%%',radius=2,fontsize=14)
#饼图的制作
plt.show()
```

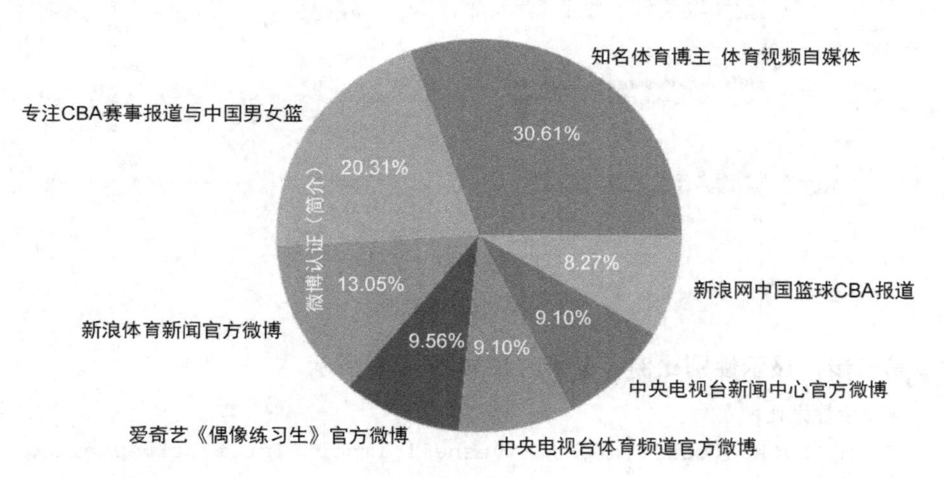

图 17-3　饼图 2

第五步，生成显示粉丝数量的饼图，如图 17-4 所示。

```
funs = data['粉丝数'].value_counts()
pic,axes = plt.subplots(1,1)
funs.plot(kind='pie',autopct='%.2f%%',radius=2,fontsize=14)  #饼
```

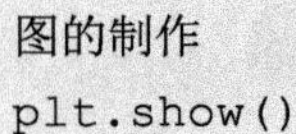

```
图的制作
plt.show()
```

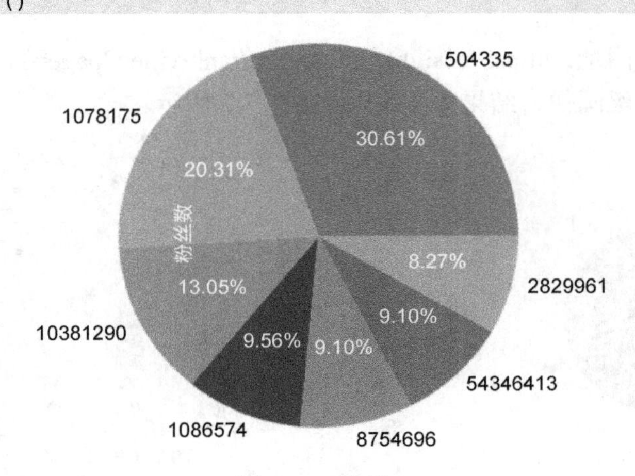

图 17-4 饼图 3

第六步，生成柱形图，如图 17-5 所示。

```
grid = sns.FacetGrid(data= data,size=8,aspect=1.5)
grid.map(sns.barplot,'微博认证(简介)','粉丝数',palette='deep',
ci=None)
grid.add_legend()
plt.show()
```

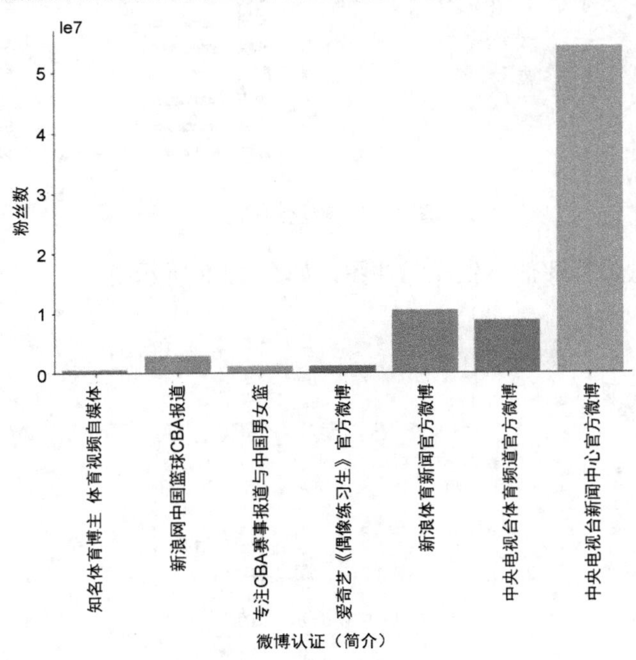

图 17-5 柱形图

第三节　使用在线工具对明星粉丝画像

请进入如下网址：https://ccsight.cn/data/kol/rank/video?page=1，搜索所关注的明星，并进行粉丝画像，结果如图 17-6、图 17-7 所示。

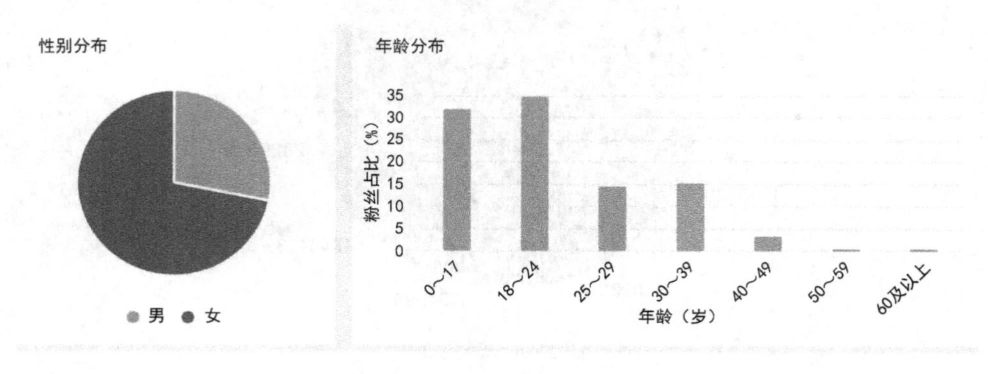

图 17-6　粉丝画像 1

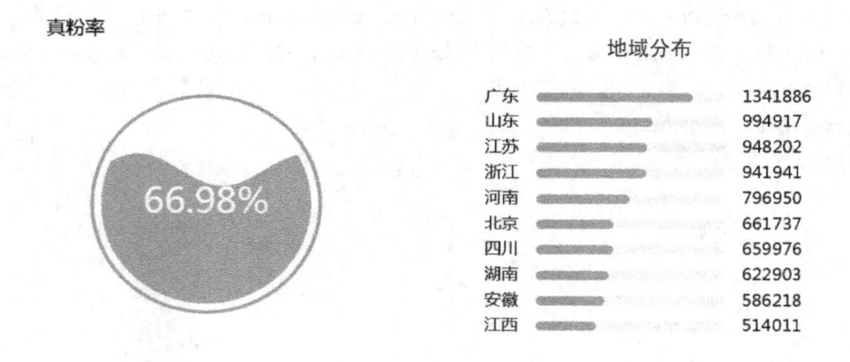

图 17-7　粉丝画像 2

对粉丝质量进行评估，生成漏斗图，如图 17-8 所示。

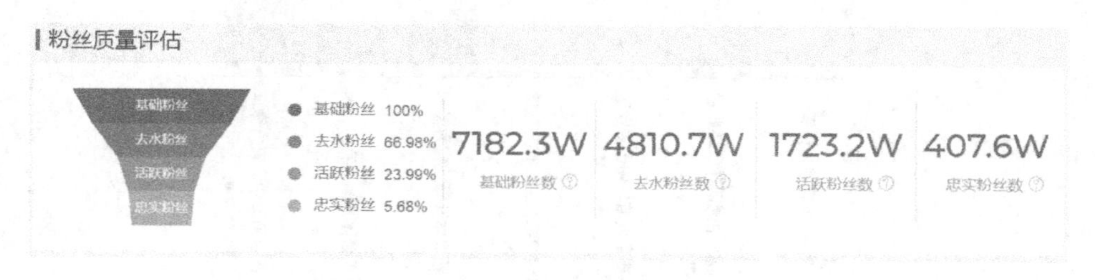

图 17-8　漏斗图

注：图中 W 表示“万”。

对粉丝留言进行情感分析，得到图 17-9。

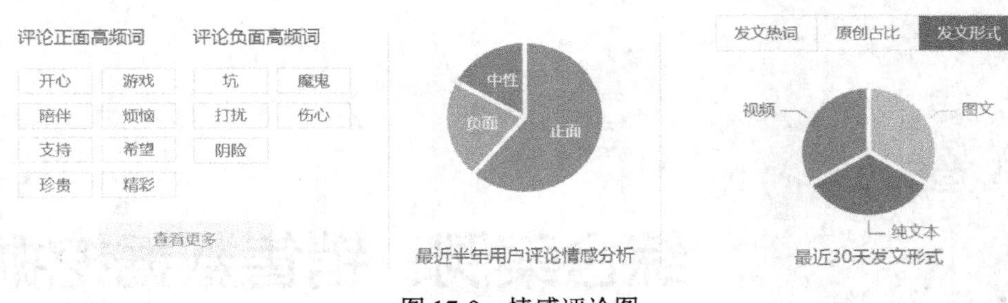

图 17-9　情感评论图

对营销效果进行评估，生成雷达图与折线图，如图 17-10 所示。

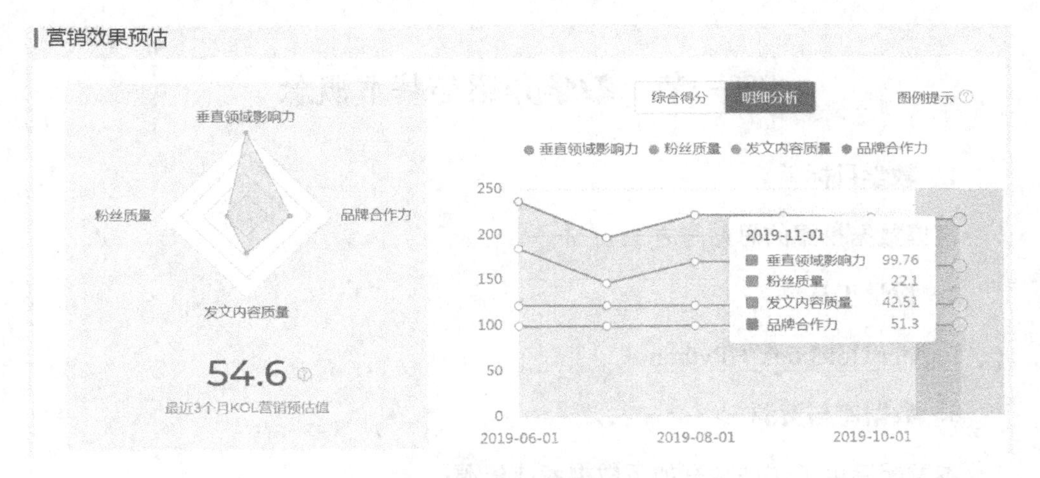

图 17-10　雷达图与折线图

习题与作业

总结本章使用的主要 Python 命令。

第十八章 综合案例：销售数据挖掘

第一节 教学介绍与基本概念

1. 教学目标

掌握数据挖掘的思路与方法。

2. 教学工具

Jupyter Notebook + Python。

3. 数据库与资源

本章配套电子文件含有如下数据库或资源：

（1）数据库：chaoyang2018sale.xlsx。

（2）编程代码：第十八章销售数据挖掘代码.docx。

4. 基本概念

现代化的计算机技术和信息管理系统，让许多企业都积累了大量的销售数据。如果只是单纯的数字，企业管理者很难从中获取什么有用的信息。挖掘销售大数据，将其可视化，将有助于企业发掘大数据中蕴藏的价值。

本章具体介绍利用药品类销售数据生成折线图（预测图）、散点图、箱形图的方法，从中可以观察到各种药品的销售差异和购药行为的一些特征。

第二节 销售数据挖掘

第一步，打开 Jupyter Notebook，在窗口中载入程序包。

```
import pandas as pd
import plotly
```

```
import plotly.offline as py
import plotly.express as px
import plotly.graph_objects as go
import dateparser
```

第二步，输入数据，数据表如图 18-1 所示。

```
data = pd.read_excel("/chaoyang2018sale.xlsx",sheet_name="Sheet1")
```

	购药时间	社保卡号	商品编码	商品名称	销售数量	应收金额	实收金额	社保卡号_int	购药时间_date	购药时间_month
0	2018-01-01 星期五	1.61[illegible]	236701.0	强力VC银翘片	6.0	82.8	69.0	161[illegible]	2018-01-01	1
1475	2018-01-01 星期五	1.07[illegible]	861456.0	酒石酸美托洛尔片(倍他乐克)	2.0	14.0	12.6	107[illegible]	2018-01-01	1
1306	2018-01-01 星期五	1.61[illegible]	861417.0	雷米普利片(瑞素坦)	1.0	28.5	28.5	161[illegible]	2018-01-01	1
3859	2018-01-01 星期五	1.00[illegible]	866634.0	硝苯地平控释片(欣然)	6.0	111.0	92.5	100[illegible]	2018-01-01	1
3888	2018-01-01 星期五	1.00[illegible]	866851.0	缬沙坦分散片(易达乐)	1.0	26.0	23.0	100[illegible]	2018-01-01	1
1190	2018-01-01 星期五	1.00[illegible]	861409.0	非洛地平缓释片(波依定)	5.0	162.5	145.0	100[illegible]	2018-01-01	1

图 18-1　数据表

第三步，输入制图命令。输出的折线图如图 18-2 所示，输出的散点图如图 18-3 所示。

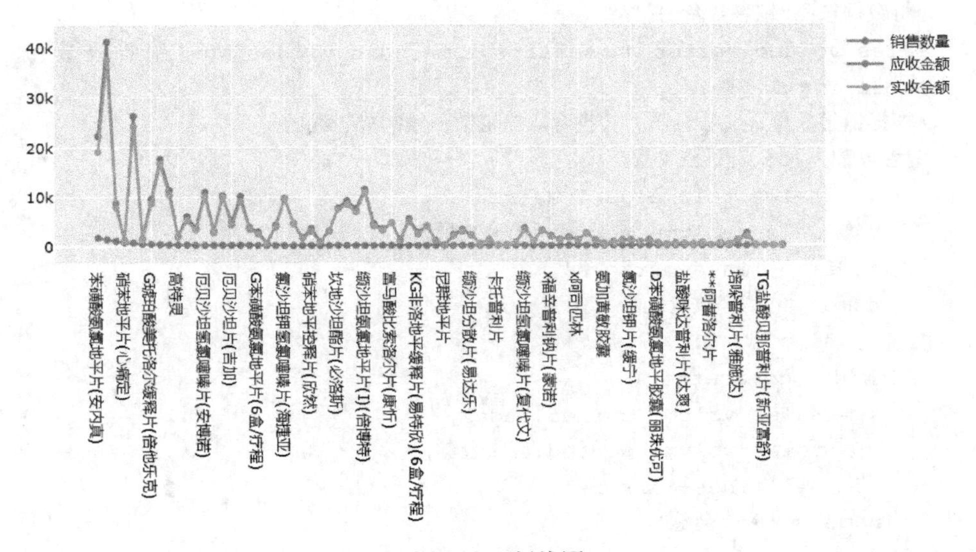

图 18-2　折线图

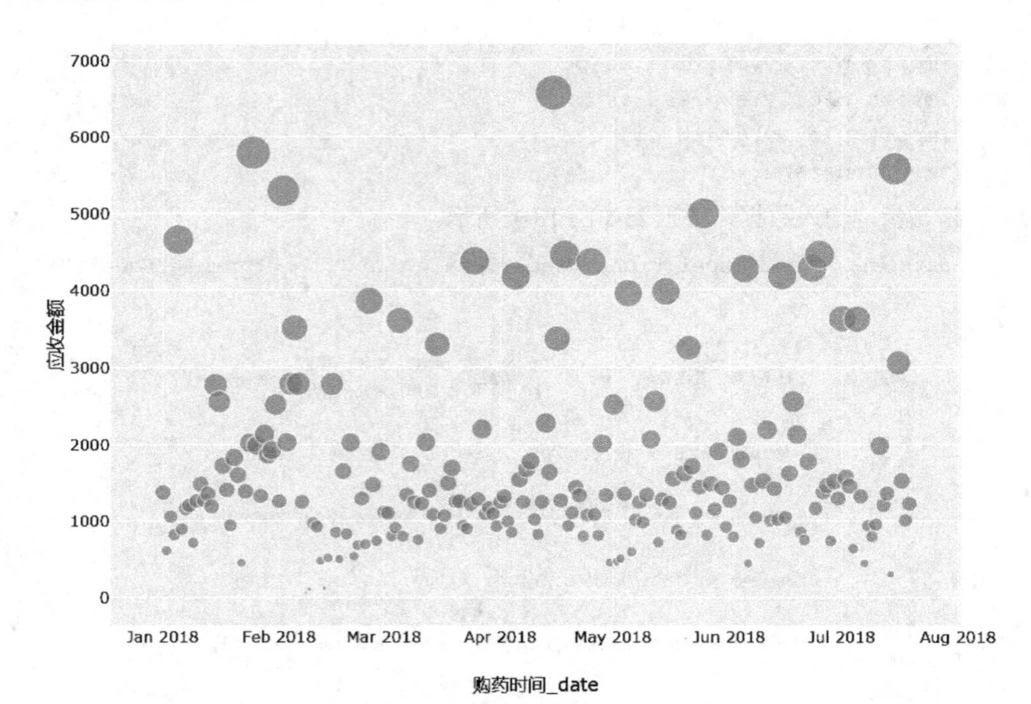

图 18-3 散点图

注：横轴从左到右依次为 2018 年 1 月—8 月。

生成折线图的命令如下。

```
#按照商品名称进行数据透视，对销售数量、应收金额、实收金额求和
sales_volume = pd.pivot_table(data,index=['商品名称'],values = ['销售数量','应收金额','实收金额'],aggfunc='sum',fill_value=0)
#将数据按照"销售数量"排序
sales_volume_sorted = sales_volume.sort_values(by='销售数量',ascending=False)
#根据销售数量、应收金额、实收金额三组数据绘制成折线图
销售数量 = go.Scatter(
    x = sales_volume_sorted.index,
    y = sales_volume_sorted.销售数量,
    mode = 'lines+markers',
    name = '销售数量'
      )
应收金额 = go.Scatter(
    x = sales_volume_sorted.index,
    y = sales_volume_sorted.应收金额,
    mode = 'lines+markers',
    name = '应收金额'
      )
```

```
实收金额 = go.Scatter(
    x = sales_volume_sorted.index,
    y = sales_volume_sorted.实收金额,
    mode = 'lines+markers',
    name = '实收金额'
        )
imgs = [销售数量,应收金额,实收金额]
```

生成销售时间散点图的命令如下。

```
#按照销售日期，查看每天的应收金额，看看哪几天卖的金额最高
sales_volume_monthly = data.groupby(['购药时间_date'],as_index =
False).sum()
fig1 = px.scatter(sales_volume_monthly, x = '购药时间_date', y =
'应收金额', size = '应收金额')
fig1.show()
```

输入命令，做出每月销售额的箱形图，如图 18-4 所示。

```
salse_amount = data.groupby(['购药时间_date'], as_index =
False).mean()
fig1 = px.box(salse_amount, x='购药时间_month', y='应收金额',
points='all', color = '购药时间_month')
fig1.show()
```

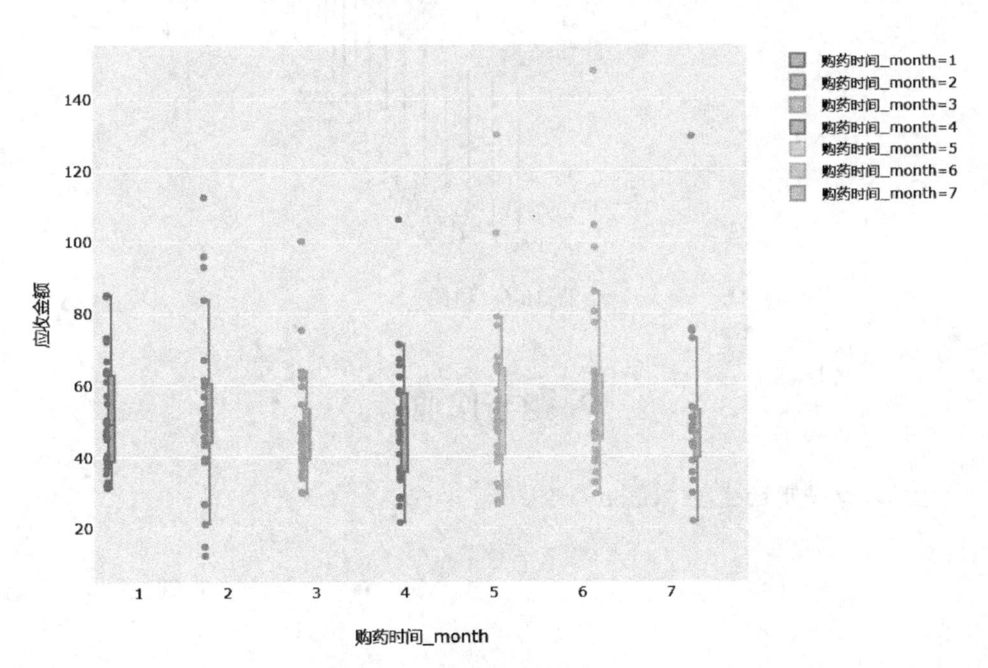

图 18-4　箱形图

根据 1 月份各个药品应收金额占比形成饼图，如图 18-5 所示。

```
test = data[data.购药时间_month == 1]
fig2 = go.Figure(data = [go.Pie(labels = test.商品名称, values =
test.应收金额, hole= .5)])
fig2.show()
```

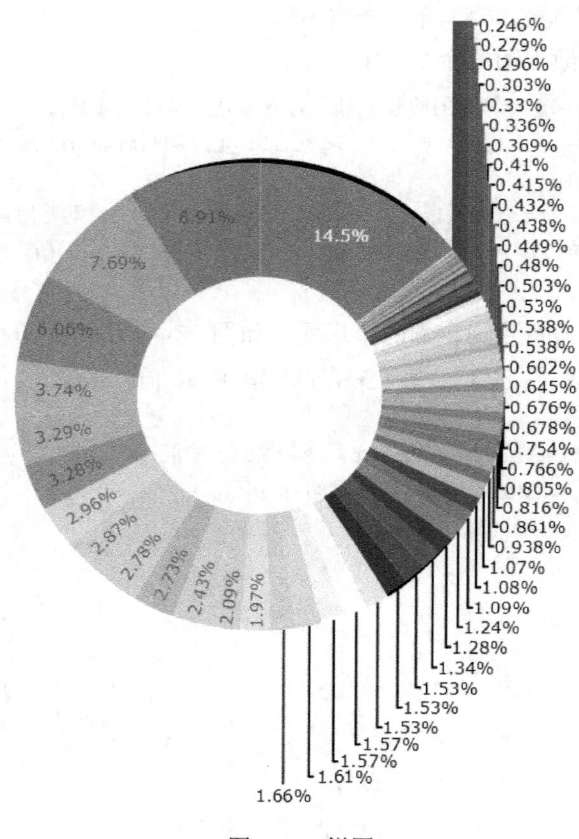

图 18-5　饼图

习题与作业

总结本章使用的主要 Python 命令。

第十九章

综合案例：排名分析

第一节　教学介绍与基本概念

1. 教学目标

掌握排名分析的方法。

2. 教学工具

Jupyter Notebook + Python。

3. 数据库与资源

本章配套电子文件含有如下数据库或资源：
（1）数据库：data1.csv。
（2）编程代码：第十九章排名分析.docx。

4. 基本概念

排名在现实生活中经常用到，商业领域、科研领域的数据分析都经常需要对某些数据排名，并将排名展示出来。排名过程中，常常还需要对数据进行适当的清洗和筛选。

本章以全球星巴克门店的数据为基础，采用柱状图来实现数据排名，可视化结果简洁明了。

第二节　排名分析

第一步，打开 Jupyter Notebook，在窗口中输入命令，读入数据。

```
#将数据库另存为新数据库
import pandas as pd
bikedata.to_csv('..\\data1.csv',index=False,encoding = 'gbk')
```

```
#方框内为实际存放路径，下同
```

第二步，清洗整理数据库，将处理的数据库另存为data。数据表如图19-1所示。

```
data = pd.read_csv('..\\data1.csv')
data.head()
```

	Brand	Store Number	Store Name	Ownership Type	Street Address	City	State/Province	Country/Region	Postcode	Phone Number
0	Starbucks	47370-257954	Meritxell, 96	Licensed	Av. Meritxell, 96	Andorra la Vella	7	AD	AD500	376818720
1	Starbucks	22331-212325	Ajman Drive Thru	Licensed	1 Street 69, Al Jarf	Ajman	AJ	AE	NaN	NaN
2	Starbucks	47089-256771	Dana Mall	Licensed	Sheikh Khalifa Bin Zayed St.	Ajman	AJ	AE	NaN	NaN
3	Starbucks	22126-218024	Twofour 54	Licensed	Al Salam Street	Abu Dhabi	AZ	AE	NaN	NaN
4	Starbucks	17127-178586	Al Ain Tower	Licensed	Khaldiya Area, Abu Dhabi Island	Abu Dhabi	AZ	AE	NaN	NaN

图19-1　全球星巴克门店数据表（部分）

第三步，载入程序包。

```
import matplotlib.pyplot as plt
#实现多行输出
from IPython.core.interactiveshell import InteractiveShell
InteractiveShell.ast_node_interactivity = 'all'  #默认为'last'
#中文乱码的处理
plt.rcParams['font.sans-serif'] =['Microsoft YaHei']
plt.rcParams['axes.unicode_minus'] = False
```

第四步，分析排名，输出全球星巴克数量前十的国家/地区，如图19-2所示。

```
plt.title('全球星巴克数量前十的国家/地区')
country/region_count.plot(kind = 'bar')
```

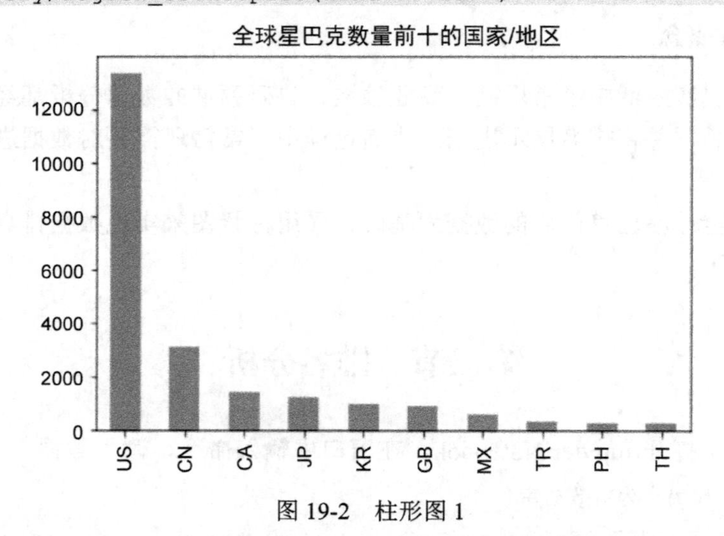

图19-2　柱形图1

注：横轴依次为美国、中国、加拿大、日本、韩国、英国、墨西哥、土耳其、菲律宾、泰国。

第五步，生成另一种形式的柱形图，展示全球星巴克数量前十的城市，如图 19-3 所示。

```
Country/region_city_count = data['City'].value_counts()[0:10]
plt.title('全球星巴克数量前十的城市')
country/region_city_count.plot(kind = 'barh')
```

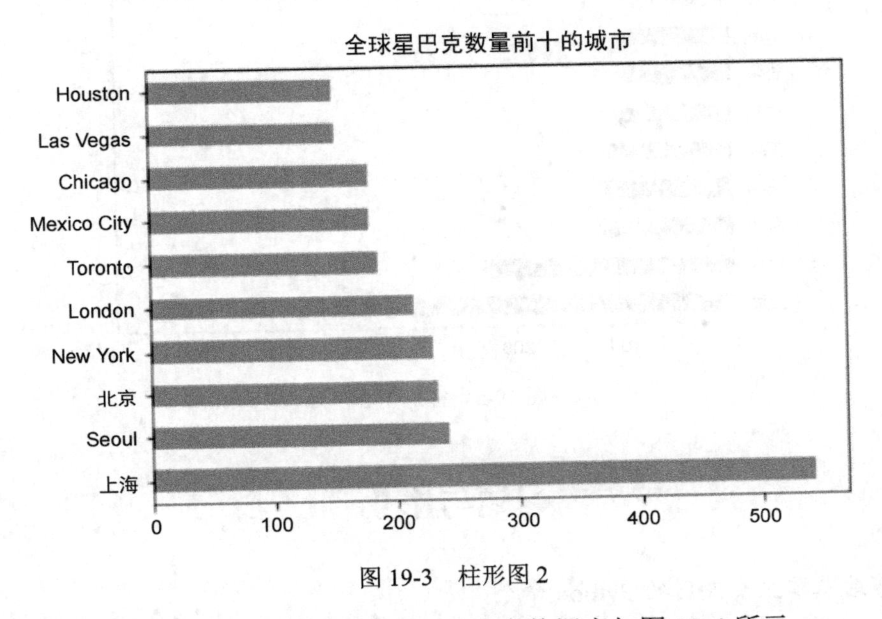

图 19-3　柱形图 2

第六步，筛选数据，输出中国城市星巴克数据表如图 19-4 所示。

```
china_data = data[data['Country/Region'] == 'CN']
china_data.head()
city_count = china_data['City'].value_counts()[0:10]
```

	Brand	Store Number	Store Name	Ownership Type	Street Address	City	State/Province	Country/Region	Postcode	Phone Number
2038	Starbucks	22901-225145	北京西站第一咖啡店	Company Owned	[illegible]	北京	11	CN	100073	NaN
2039	Starbucks	32320-116537	北京华宇时尚店	Company Owned	[illegible]	北京	11	CN	100086	010-51626616
2040	Starbucks	32447-132306	北京蓝色港湾圣拉娜店	Company Owned	[illegible]	北京	11	CN	100020	010-59056343
2041	Starbucks	17477-161286	北京太阳宫凯德嘉茂店	Company Owned	[illegible]	北京	11	CN	100028	010-84150945
2042	Starbucks	24520-237564	北京东三环北店	Company Owned	[illegible]	北京	11	CN	NaN	NaN

图 19-4　我国星巴克门店数据表（部分）

输出中国星巴克数量前十的城市，如图 19-5 所示。

```
plt.title('中国星巴克数量前十的城市')
city_count.plot(kind = 'barh')
```

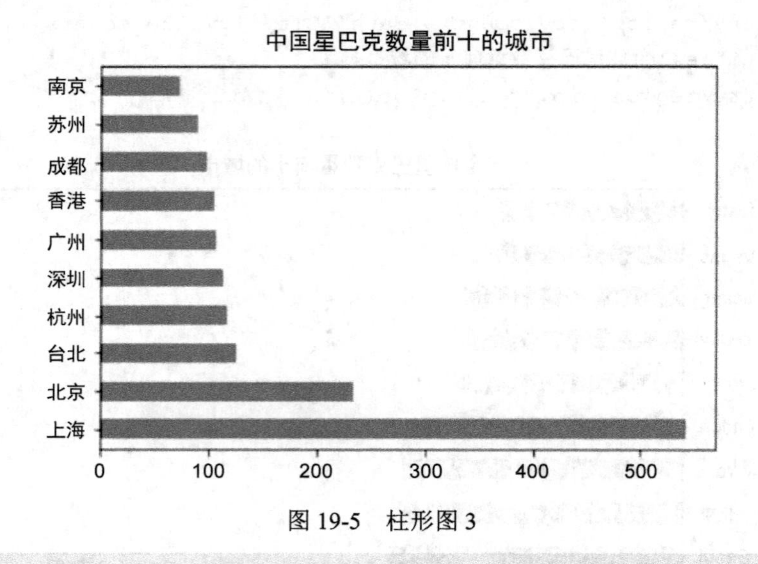

图 19-5　柱形图 3

习题与作业

总结本章主要使用的 Python 命令。

第二十章 综合案例：评价数据可视化

第一节 教学介绍与基本概念

1. 教学目标

掌握评价数据可视化的思路与方法。

2. 教学工具

Jupyter Notebook + Python。

3. 数据库与资源

本章配套电子文件含有如下数据库或资源：
（1）Cartnoon.xls 等数据表。
（2）编程代码（word 版本）。

4. 基本概念

用户评价对于商家来说是极其宝贵的资源，对评价数据进行可视化，可以帮助生产商和销售商获得观察市场趋势、优化产品和服务方面的信息，从而提升竞争能力。同时，对用户评价和评论方面的数据分析，也是新商科、新文科科学研究中常见的研究对象和热点。

本章案例基于一组动画片的评价数据，综合应用柱形图、折线图和饼图来对评价类大数据进行可视化。

第二节 评价数据可视化

第一步，打开 Jupyter Notebook，在窗口中载入爬虫程序。

```
import requests
```

```
import json
import xlwt
#实现多行输出
from IPython.core.interactiveshell import InteractiveShell
InteractiveShell.ast_node_interactivity = 'all'  #默认为'last'
from matplotlib import pyplot
row = 1
head = {
    'User-Agent': '用户代理'            #用户代理地址查询办法为在 Google
Chorme 浏览器地址栏中输入 about:Version
    'Accept': '*/*',
    'Accept-Encoding': 'gzip, deflate',
    'Accept-Language': 'zh-CN,zh;q=0.9,en;q=0.8',
    'Connection': 'keep-alive',
    'Cookie':
r'Union=SID=155952&AllianceID=4897&OUID=baidu81|index|||;Session =
SmartLinkCode=U155952&SmartLinkKeyWord='
r'&SmartLinkQuary=&SmartLinkHost=&SmartLinkLanguage=zh;abtest_
userid=aca3d3a0-67b7-428a-8248-70506282676a; '
            r'adscityen=Qingdao; traceExt=campaign=CHNbaidu81&adid =
index; _RSG=hFKsQjsRu6ACj8Q_e21AxB; _RDG=28cef8dabeae1c29c'
            r'e2eb65c9d268f456b;_RGUID=a1b86f6b-5ad9-43eb-beca-
bc2a3f688b4c; DomesticUserHostCity=TAO|%c7%e0%b5%ba; '
            r'_RF1=223.81.193.186;appFloatCnt=1; manualclose=1;
FD_SearchHistorty={"type":"S","data":'

r'"S%24%u9752%u5C9B%28TAO%29%24TAO%242018-05-31%24%u897F%u5B89%
28SIA%29%24SIA"};'
            r'_fpacid=09031026110873140292; GUID=09031026110873140292;
MKT_Pagesource=PC;'
            r' _bfa=1.1524965797745.2kzkhc.1. 1524965797745.1524
988189925.2.13.10320605175;'
            r' _bfs=1.9;Mkt_UnionRecord=%5B%7B%22aid%22%3A%224897%
22%2C%22timestamp%22%3A1524988237560%7D%5D;'
r'_jzqco=%7C%7C%7C%7C1524965817179%7C1.42849760.1524965815339.1
524988230910.1524988237599.1524988230910.1524988237599.undefine
d.0.0.11.11;'

r'__zpspc=9.3.1524987885.1524988237.7%231%7Cbaidu%7Ccpc%7Cbaidu
81%7C%25E6%2590%25BA%25E7%25A8%258B%7C%23; '
             r'_bfi=p1%3D101027%26p2%3D101027%26v1%3D13%26v2%
 3D12',
```

```
    'Host': 'flights.ctrip.com',
    'Referer':'http://flights.ctrip.com/booking/tao-sia-day-1.
html?ddate1=2018-05-31',
}
def page_skip():
    url = "http://pcw-api.iqiyi.com/search/video/videolists?access_
play_control_platform=14&channel_id=4" \
"&data_type=1&from=pcw_list&is_album_finished=&is_purchase= &key=
&market_release_date_level=" \
"&mode= 11&pageNum=1&pageSize={}&site=iqiyi&source_ type= &three_
category_id=38;must&without_qipu=1"
        item_num = 200
        url = url.format(item_num)
        req = requests.get(url).content.decode()
        req = json.loads(req)
        save_sheet(req)
def save_sheet(req):
        global row
        for i in req['data']['list']:
            print(row, i['name'])
            sheet.write(row, 0, i['name'])
            sheet.write(row, 1, i['duration'])
            try:
                sheet.write(row, 2, i['score'])
            except:
                pass
            try:
                sheet.write(row, 3, i['categories'][0]['name'])
            except:
                pass
            sheet.write(row, 4, i['secondInfo'])
            sheet.write(row, 5, i['playUrl'])
            row = row + 1
#'名称', '时长', '评分', '分类', '主题', '播放链接'
if __name__ == '__main__':
      book = xlwt.Workbook()
      sheet = book.add_sheet('case1_sheet')
      info = ['name', 'shichang', 'pingfen', 'fenlei', 'zhuti',
'bofanglianjie']
      for i in range(len(info)):
            sheet.write(0, i, info[i])
```

```
    page_skip()
book.save('..cartoon2.xls')  #方框中为具体路径
```

第二步，常用包的导入。

```
#常用数据库
import numpy as np
import pandas as pd
import matplotlib.pyplot as plt
import plotly as py
import plotly.express as px
import plotly.graph_objects as go
import seaborn as sns
import dateparser
#实现多行输出
from IPython.core.interactiveshell import InteractiveShell
InteractiveShell.ast_node_interactivity = 'all'  #默认为'last'
#中文乱码的处理
plt.rcParams['font.sans-serif'] =['Microsoft YaHei']
plt.rcParams['axes.unicode_minus'] = False
```

第三步，读取数据库，数据表如图 20-1 所示。

```
data = pd.read_excel('..\\cartoon2.xls')
data
```

	名称	时长	评分	分类	主题	播放链接
0	航海王	25:00	9.3	热血	草帽路飞伟大冒险	http://www.iqiyi.com/v_19rrok4nt0.html
1	名侦探柯南 普通话	24:48	8.1	推理	真相只有一个	http://www.iqiyi.com/v_19rrjzcqm4.html
2	名侦探柯南	24:53	9.1	恋爱	真相只有一个	http://www.iqiyi.com/v_19rrnfnjyw.html
3	博人传 火影忍者新时代	23:54	7.1	热血	火之意志世代传承	http://www.iqiyi.com/v_19rrb3xn68.html
4	黑色四叶草	23:54	7.4	热血	魔导少年称霸魔法世界	http://www.iqiyi.com/v_19rrdzingg.html
...	...	...	...	...	...	...
95	百变小樱	25:00	8.8	漫改	百变库洛魔法使	http://www.iqiyi.com/v_19rrh8y2zo.html
96	机巧少女不会受伤	23:40	7.6	热血	机巧魔术	http://www.iqiyi.com/v_19rrha00bk.html
97	偶活学园（偶像活动）	24:30	7.7	励志	从少女到偶像的蜕变	http://www.iqiyi.com/v_19rrifvwdv.html
98	妖怪旅馆营业中	23:40	7.5	轻改	妖怪难挡美食诱惑	http://www.iqiyi.com/v_19rrcf4dmc.html
99	妖狐×仆ss	24:08	8.1	漫改	返祖妖怪新生活	http://www.iqiyi.com/v_19rrjrthaw.html

100 rows × 6 columns

图 20-1　数据表

第四步，以评分为指标形成柱形图，如图 20-2 所示。

```
#柱形图
```

```
data.groupby('fenlei').pingfen.mean().plot(kind='bar')
```

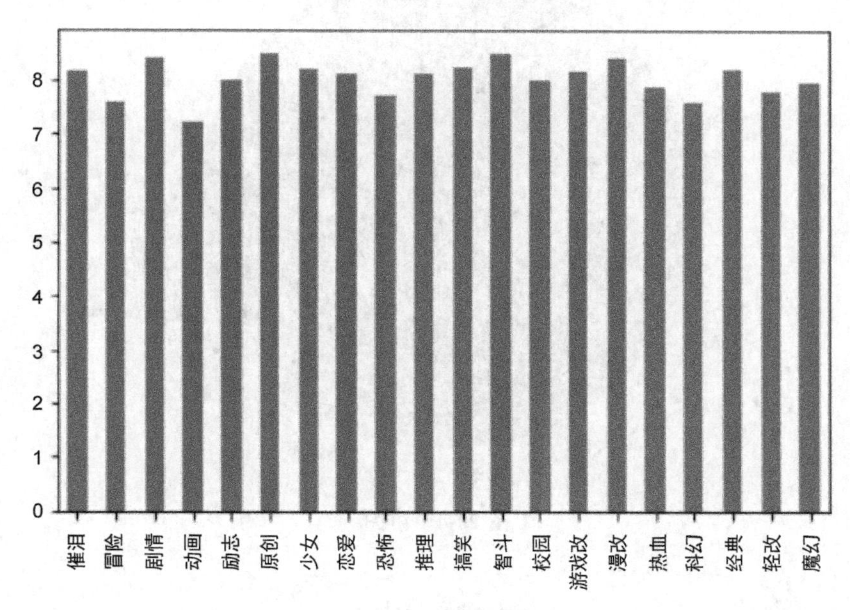

图 20-2　柱形图

第五步，以评分为指标形成折线图，如图 20-3 所示。

```
data.groupby('fenlei').pingfen.mean().plot()
```

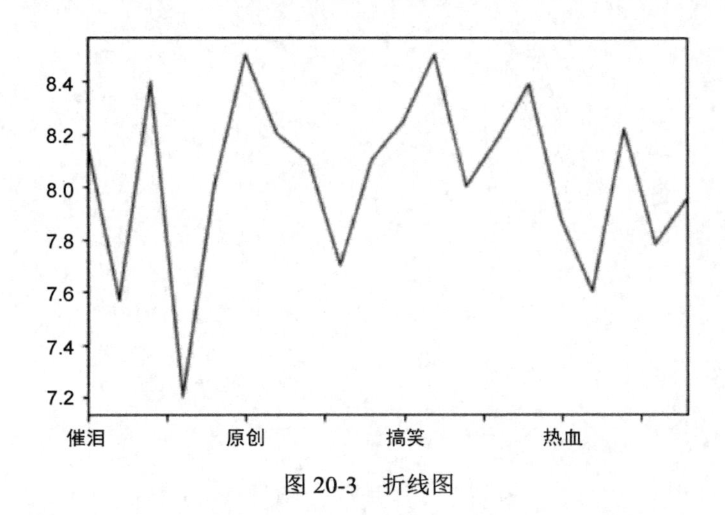

图 20-3　折线图

第六步，制作动画片类型分布饼图，输出结果如图 20-4 所示。

```
scale_part= data['fenlei'].value_counts()
pic,axes = plt.subplots(1,1)
scale_part.plot(kind='pie',autopct='%.2f%%',radius=2,fontsize=14)
```

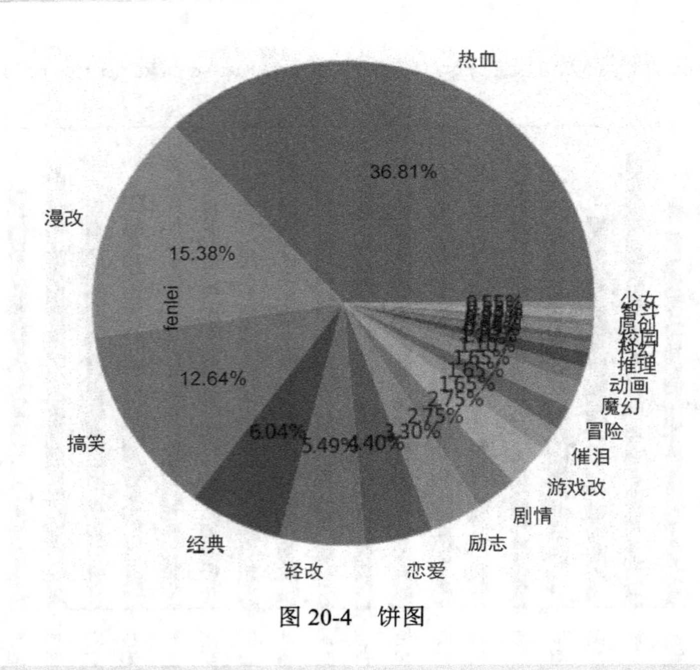

图 20-4　饼图

习题与作业

总结本章使用的主要 Python 命令。

第二十一章

综合案例：宏观统计数据可视化

第一节　教学介绍与基本概念

1. 教学目标

掌握统计数据可视化的思路与方法。

2. 教学工具

Jupyter Notebook + Python。

3. 数据库与资源

本章配套电子文件含有如下数据库或资源：

（1）数据库：批发零售.xlsx。

（2）编程代码（Word 版本）。

4. 基本概念

本章所指的“宏观统计数据”，主要是指国家或行业层面的一些汇总统计数据，主要反映国家宏观经济环境或某行业市场环境及其发展趋势，对于组织发展来说属于不可控的“环境因素”。发现这些数据里蕴含的趋势信息，有利于组织制定符合时代要求的战略。

本章以国家统计局网站上的数据为基础，对批发和零售业的数据进行可视化分析。

第二节　统计数据分析

第一步，访问国家统计数据库。打开国家统计局网址 http://www.stats.gov.cn/，界面如图 21-1 所示，单击菜单栏里的“数据查询”。

图 21-1　国家统计局官网首页截图

第二步，进入数据查询页面，单击“年度数据”→“批发和零售业情况”→“报表管理”→“编辑”，如图 21-2 所示。

图 21-2　数据查询页面截图

第三步，将下载的数据整理成数据表，如图 21-3 所示。

A	B	C	D
	批发和零售业法人企业单位数(个)	批发和零售业年末从业人数(万人)	批发和零售业商品销售额(亿元)
2018年	211515	1184.5	691162.1
2017年	200170	1183.8	630181.3
2016年	193371	1193.6	558877.6
2015年	183077	1173.6	515567.5
2014年	181612	1182	541319.8
2013年	171973	1139.6	496603.8
2012年	138865	985.6	410532.7
2011年	125223	901.1	360525.9
2010年	111770	852.2	276635.7

图 21-3　数据表 1

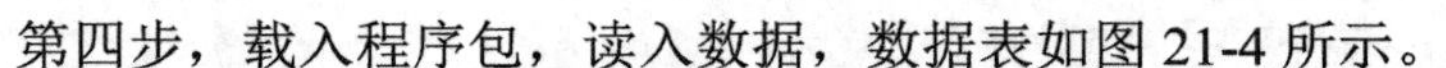

第四步，载入程序包，读入数据，数据表如图 21-4 所示。

```
import  pandas  as pd
import  matplotlib.pyplot as plt
plt.rcParams['font.sans-serif'] = ['SimHei']  #用来正常显示中文标签
plt.rcParams['axes.unicode_minus'] = False  #用来正常显示负号
df = pd.read_excel('..\\批发零售.xlsx')
df
```

	指标	批发和零售业法人企业单位数(个)	批发和零售业年末从业人数(万人)	批发和零售业商品销售额(亿元)
0	2018年	211515	1184.5	691162.1
1	2017年	200170	1183.8	630181.3
2	2016年	193371	1193.6	558877.6
3	2015年	183077	1173.6	515567.5
4	2014年	181612	1182.0	541319.8
5	2013年	171973	1139.6	496603.8
6	2012年	138865	985.6	410532.7
7	2011年	125223	901.1	360525.9
8	2010年	111770	852.2	276635.7

图 21-4　数据表 2

第五步，生成折线图，输出结果如图 21-5 所示。

```
x=df['指标']
y1=df['批发和零售业商品销售额(亿元)']
plt.plot(x,y1,label='销售额')
plt.xlabel('年份')
plt.ylabel('亿元')
plt.title('销售额')
plt.legend()
plt.show()
```

第六步，生成柱形图，输出结果如图 21-6 所示。

```
x=df['指标']
y1=df['批发和零售业商品销售额(亿元)']
plt.bar(x, y1, label='销售额')
plt.xlabel('年份')
plt.ylabel('亿元')
plt.legend()
plt.show()
```

第七步，生成饼图，输出结果如图 21-7 所示。

```
fig,axes = plt.subplots()
df['批发和零售业商品销售额(亿元)'].plot(kind='pie',ax=axes,
autopct='%.2f%%')
axes.set_aspect('equal')  #设置饼图的纵横比
axes.set_title('销售额')
plt.show()
```

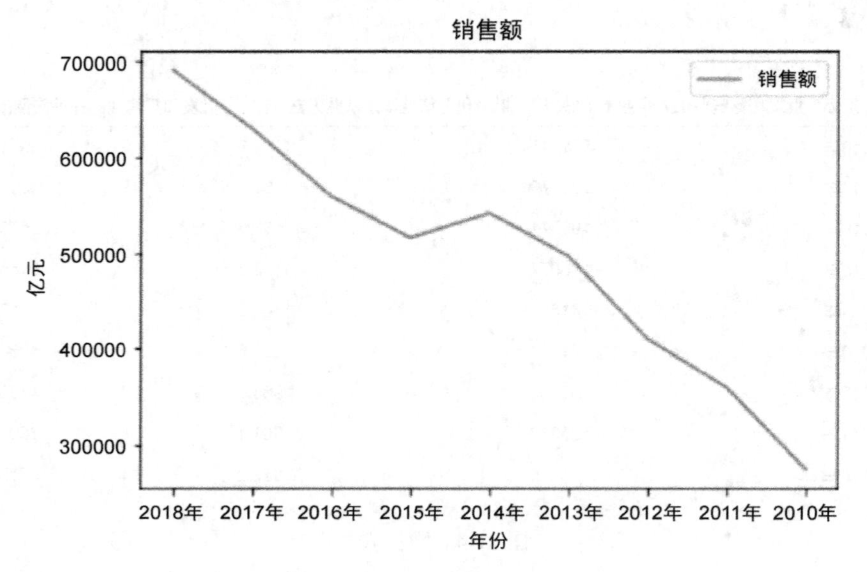

图 21-5　折线图

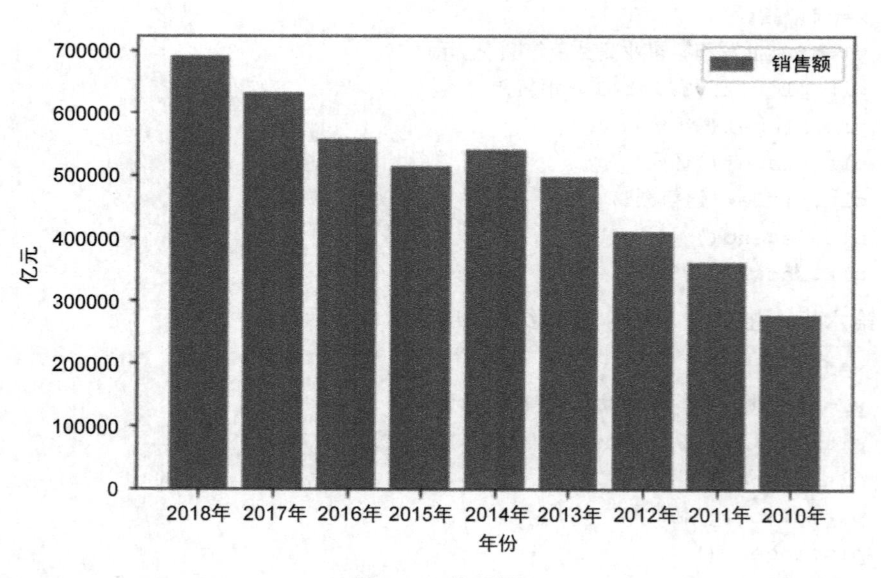

图 21-6　柱形图

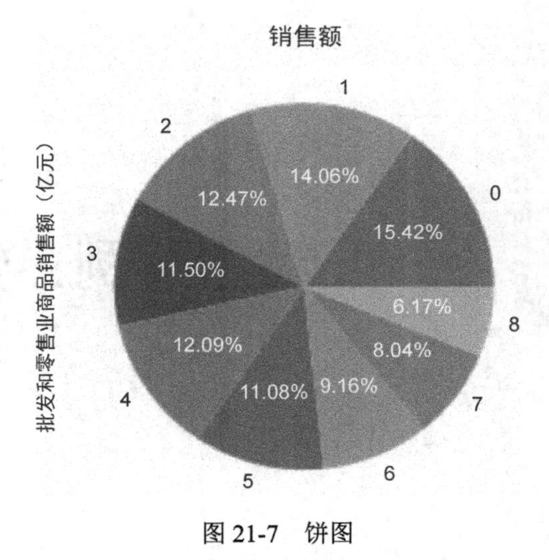

图 21-7　饼图

习题与作业

在国家统计局网站查询近十年旅游人数与旅游消费的数据，并制作成折线图、柱形图与饼图。

第二十二章

综合案例：数据爬取与可视化

第一节　教学介绍与基本概念

1. 教学目标

（1）掌握数据爬取的方法。

（2）掌握将爬取数据可视化的思路与方法。

2. 教学工具

Jupyter Notebook，Python。

3. 数据库与资源

本章配套电子文件含有如下数据库或资源：

（1）数据文件：news.xlsx。

（2）编程代码（Word 版本）。

4. 基本概念

在大数据分析中，有时候数据并不是现成的，需要到一些网页上查数据。但是网页是海量的，如果人工一个一个网页去查看，无疑效率十分低下，这时需要用到爬虫程序。爬虫程序又称为网络爬虫、网页蜘蛛、网络机器人等，是一种按照一定的规则，自动地抓取万维网信息的程序或者脚本。

以网络爬虫为主要代表的自动化数据收集技术，在提升数据收集效率的同时，如果被不当使用，可能影响网络运营者正常开展业务。为此，我国 2019 年 5 月发布的《数据安全管理办法（征求意见稿）》第十六条确立了利用自动化手段（网络爬虫）收集数据不得妨碍他人网站正常运行的原则，并明确了严重影响网站运行的具体判断标准。这将对规范数据收集行为、保障网络运营者的经营自由和网站安全起到积极的作用。

第二节　爬虫与可视化

第一步，打开 Jupyter Notebook，在窗口中输入爬虫程序，将爬取的数据保存为 news.xlsx。

此处需要说明的是，因为大多数网站为了反爬虫，会设置并不定期更新反爬虫程序，所以爬虫的技术难度在不断提高，在爬取数据时经常遇到原先有效的爬虫程序失效，或网址、网页格式更改等问题。对于非计算机专业的商科类学生，只要求对爬虫的基本技术与步骤有初步了解即可。如果要学习爬虫技术，还需要花较多时间与精力去参看并学习专门的爬虫书籍。为此，建议商科类大学生学习借用一些常见的专业爬虫软件来爬取数据。以下简单的爬虫程序说明了编制爬虫程序的基本步骤，读者了解即可，并不要求上机实操。但本书配套电子文件中提供了数据库，因此后面的可视化操作可以上机实操。

```
#输入程序包并设定头部
import requests
from lxml import etree
import csv  #csv后缀的格式可以用Excel程序打开 import time
headers = {"User-Agent": "……"}
#建立数据库与列名，建立索引号，设定网页循环与页数范围，设定响应与解码
f = open("XX.csv","w",encoding='UTF-8-sig',newline='')
#创造文件名
writer = csv.writer(f)
writer.writerow(['变量1', '变量2', '变量3', '变量4', ……])
#输入列名作为第一行
i = 1;  #设定索引号为i,并且索引号从1开始
for page in range(1,N):  #遍历N页，建立page循环，试验时可把N设为5，
以节约运行时间
requests_get = requests.get("要爬取网页页面的网址", headers
=headers)
requests_get.encoding="gbk"
#爬取页面并遍历各页面，写入数据库
if requests_get.status_code == N:
            html = etree.HTML(requests_get.text)
            els = html.xpath("//div[@class='el']")[4:]
            for el in els:  #遍历每页的内容，以下的代码为举例说明选取
的数据内容。
                  jobname = str(el.xpath("p[contains(@class,
                 't1')]/span/a/@title")).strip("[']")
                  jobcom = str(el.xpath("span[@class='t2']/a/
                  @title")).strip("[']")
                  jobaddress = str(el.xpath("span[@class='t3']/
```

```
                    text()")).strip("[']")
                    jobsalary = str(el.xpath("span[@class='t4']/
                    text()")).strip("[']")
                    jobdate = str(el.xpath("span[@class='t5']/
                    text()")).strip("[']")
                    writer.writerow([i, jobname, jobcom, jobaddress,
                    jobsalary, jobdate])
#加入各行数据
                    i += 1  #索引号递加
            print(f"第{page}页获取完毕")
#导出名称为 news 的 Excel 文件
df.to_excel('../news.xlsx')    #news.xlsx 文件已经存在于本书提供的电
子资源中。
```

第二步，载入程序包。

```
import matplotlib.pyplot as plt
import pandas as pd
#解决中文和负号显示问题
plt.rcParams['font.sans-serif']=['SimHei']
plt.rcParams['axes.unicode_minus'] = False
```

第三步，读入数据，数据表如图 22-1 所示。

```
#读取 news.xlsx 文件的 Sheet1。
df = pd.read_excel('../news.xlsx', "Sheet1")
```

	Unnamed: 0	竞价日期	配置增量指标	个人增量指标	单位增量指标	个人最低成交价	单位最低成交价	个人最低成交价个数	单位最低成交价个数	个人平均成交价	单位平均成交价
0	0	2019-12-25	1354	1192	162	26100	26800	1	22	33893	28788
1	1	2019-11-25	1343	1179	164	33000	23800	16	4	39258	29050
2	2	2019-10-25	1354	1189	165	36300	10000	5	1	38705	36502
3	3	2019-09-25	1348	1182	166	34800	30000	4	1	36046	39051
4	4	2019-08-26	1355	1191	164	29600	34000	44	1	30708	38830
5	5	2019-07-25	1430	1263	167	25300	34900	11	2	28586	41904
6	6	2019-06-25	1358	1190	168	18800	38200	2	1	39092	50825

图 22-1　数据表

第四步，单个变量的可视化，输出结果如图 22-2 所示。

```
fig = plt.figure()
plt.bar(df['竞价日期'], df['个人最低成交价'])
plt.title(u'个人最低成交价/日期')
plt.xlabel('日期', size=10)
plt.ylabel(u'个人最低成交价')
plt.show()
```

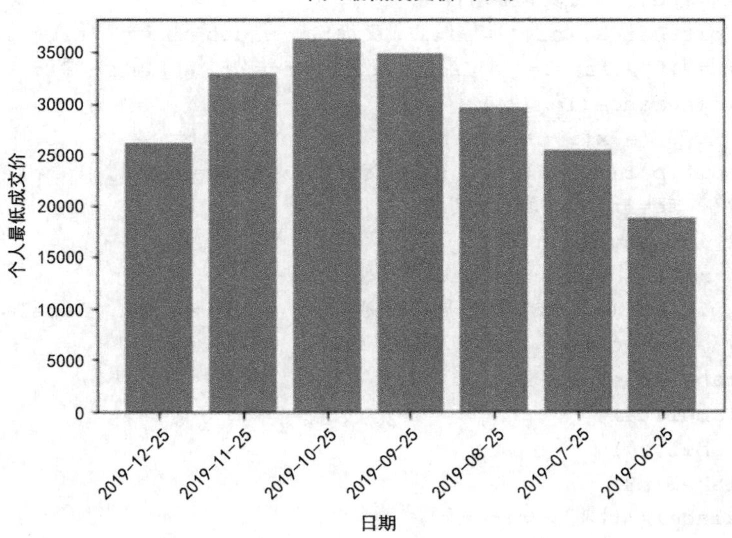

图 22-2　柱形图

第五步，多个变量的可视化，输出结果如图 22-3 所示。

```
import matplotlib.pyplot as plt
import pandas as pd
total_width, n = 0.8, 4  #对每一个日期设置 0.8 的宽度，有 9 个指标
width = total_width / n  #每个日期下每个指标的宽度
#定义函数来显示柱状上的数值
def autolabel(rects):
    for rect in rects:
        height = rect.get_height()
        plt.text(rect.get_x() + rect.get_width() / n - 0.1,
height + 1000, '%s' % float(height))
#解决中文和负号显示问题
plt.rcParams['font.sans-serif'] = ['SimHei']
plt.rcParams['axes.unicode_minus'] = False
df = pd.read_excel('../news.xlsx', "Sheet1")
fig = plt.figure()
x = [0, 1, 2, 3, 4, 5, 6]
#每绘制过一个指标，就加上一定的宽度使下一个指标的柱形图不重叠
for i in range(len(x)):
    x[i] = x[i] + width
#横坐标为 x，纵坐标为个人最低成交价， 宽度为 width
t3 = plt.bar(x, df['个人最低成交价'], width=width, label='个人最低
成交价', fc='b')  #颜色为蓝色
for i in range(len(x)):
    x[i] = x[i] + width
```

```
#tick_label: 此处真正显示日期
t4 = plt.bar(x, df['单位最低成交价'], width=width, tick_label=df
['竞价日期'], label='单位最低成交价', fc='g')  #颜色为绿色
for i in range(len(x)):
      x[i] = x[i] + width
t7 = plt.bar(x, df['个人平均成交价'], width=width, label='个人平均
成交价', fc='r')  #颜色为红色
for i in range(len(x)):
      x[i] = x[i] + width
t8 = plt.bar(x, df['单位平均成交价'], width=width, label='单位平均
成交价', fc='c')    # 颜色为青色
autolabel(t3)
autolabel(t4)
autolabel(t7)
autolabel(t8)
plt.xlabel('日期', size=10)
plt.ylabel(u'各项指标')
plt.legend()
plt.show()
```

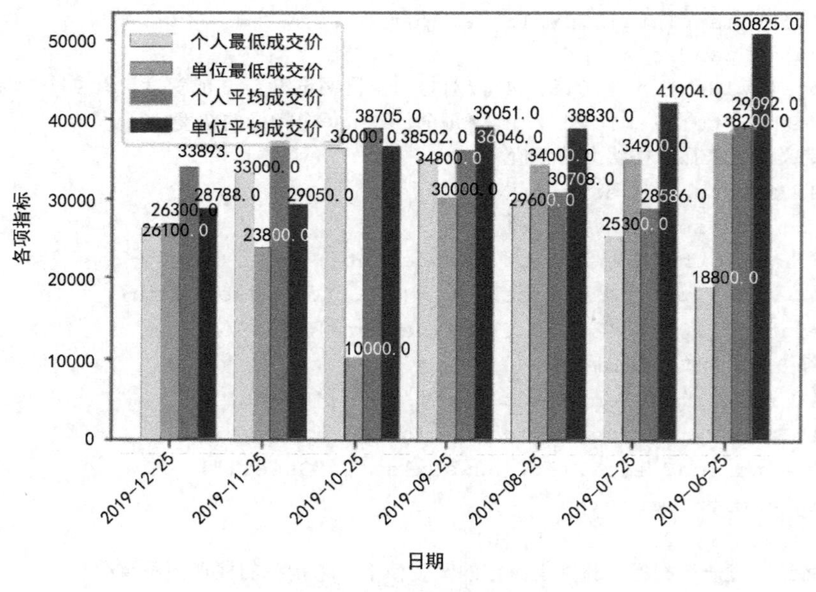

图 22-3　多柱形图

习题与作业

借鉴本章所讲述的主要命令与方法，选择一网站进行爬虫分析。

第二十三章

综合案例：输出图形优化

第一节　教学介绍与基本概念

1. 教学目标

掌握点、线、文字输出的设置方法。

2. 教学工具

Jupyter Notebook + Python。

3. 数据库与资源

本章操作不涉及数据库，本章配套电子文件中的资源为图片 figurel。

4. 基本概念

大数据可视化的最终输出结果是图形。图形是一种视觉符号，其形式如何，在一定程度上会影响观看者对其中信息获取的程度和效率，因此，除了要得到图形以外，还要对图形进行优化和美化。

输出图形优化有许多方式和着眼点，本章主要介绍几个常见的优化点，如点的大小和颜色、线条的粗细和颜色、文字的大小和颜色等。

第二节　图形优化常用命令

1. 图片的大小

```
#设置输出的图片大小
Figsize = 11,9
figure, ax = plt.subplots(figsize=figsize)
```

2. 线

画简单的折线图，同时标注线的形状、名称、粗细。

```
A,=plt.plot(x1,y1,'-r',label='A',linewidth=5.0,ms=10)
```

线条粗细使用 linewidth 设置。因为有时候是粗线条，所以对应 marker 也需要增加。如果想要标记 marker 为空心，可以在后面加上。

```
A,=plt.plot(x1,y1,'-r',label='A',linewidth=5.0,ms=10,markerface
color= 'none')
```

3. 点

点与线的命令格式只差一个字符，对比如下。

```
#线的命令
import numpy as np
import matplotlib.pyplot as plt
x = np.arange(0,10,1)
plt.plot(x,x+0)
plt.show()
```

输出结果如图 23-1 所示。

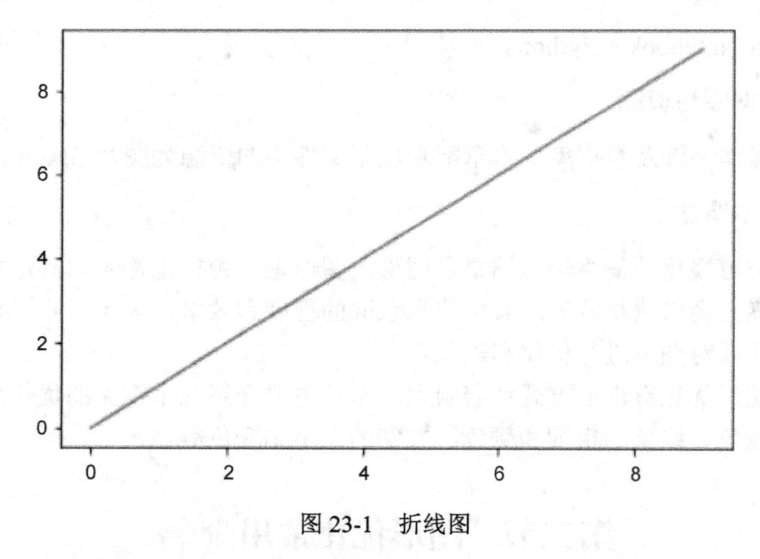

图 23-1　折线图

如果把上面的命令 plt.plot(x, x+0)换成 plt.plot(x, x+0, '-') ，可以发现输出不变，即两者是等价的。前两条命令等价，默认的格式是线。plot()的作用就是用某种方式将点建立连接，其默认方式是使用线条连接。如果把'-'这个控制线条的种类的字符串换为'--', '-.', ':', '.', 'o'等，则连接方式变成虚线或者点的形式。

例如，如果把上面的命令换成 plt.plot(x,x+0,'o')，则输出如图 23-2 所示，变回了散点的形态。

另一散点与线的示例如图 23-3 所示。

scatter()中参数 s 表示的大小和 plot()中的 markersize 表示的大小的平方相同。

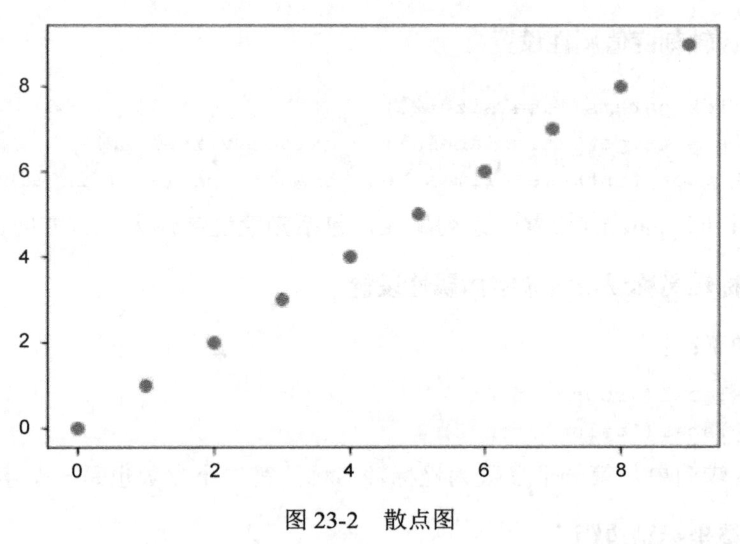

图 23-2　散点图

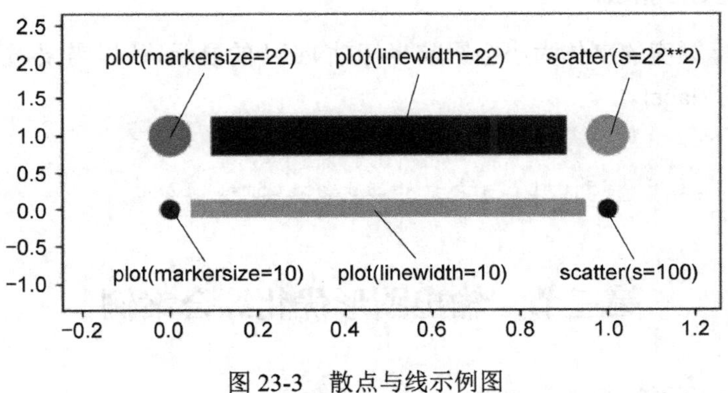

图 23-3　散点与线示例图

4. 设置图例以及对应属性

```
legend = plt.legend(handles=[A,B],prop=font1)
```

图例的字体格式在 prop 中进行设置，赋值 font1 可以是一个字典，包含各个属性及其对应值。属性包括 family（字体）、size（字体大小）等常用属性，更详细的解释可参考 matplotlib 手册中关于 legend prop 的解释。一种比较简单的设置为

```
font1 = {'family' : 'Times New Roman',
'weight' : 'normal',
'size'   : 23,
}
```

5. 坐标轴刻度密度/间隔设置

```
ax.xaxis.set_major_locator(MultipleLocator(10))
```

括号中的数字为对应的刻度间隔值，y 轴对应类似。

6. 坐标轴刻度值属性设置

```
plt.tick_params(labelsize=23)
labels = ax.get_xticklabels() + ax.get_yticklabels()
[label.set_fontname('Times New Roman') for label in labels]
```

可以用 tick_params 设置一系列属性，包括刻度值字体大小、方向、颜色等。

7. 坐标轴名称以及对应字体属性设置

语句如下：

```
plt.xlabel('round',font2)
plt.ylabel('value',font2)
```

这种比较简单，第一个参数为坐标轴名称，第二个参数也是一个字典参数。

8. 调整坐标轴边距

调整坐标刻度的字体大小会影响坐标轴 label 的显示，所以需要通过调整坐标轴边距来显示 label。

语句如下：

```
plt.subplots_adjust(left = 0.15,bottom=0.128)
```

第三节　输出图形优化综合案例

先给出一个不进行优化的输出，其命令如下：

```
import  matplotlib.pyplot as plt
#数据设置
x1 =[0,5000,10000, 15000, 20000, 25000, 30000, 35000, 40000,
45000, 50000, 55000];
y1=[0, 223, 488, 673, 870, 1027, 1193, 1007, 1609, 1991, 1803,
2388];
x2 =[0,5000,10000, 15000, 20000, 25000, 30000, 35000, 40000,
45000, 50000, 55000];
y2=[0, 214, 445, 627, 800, 956, 1090, 1081, 1589, 1825, 1896, 2351];
A,=plt.plot(x1,y1)
B,=plt.plot(x2,y2)
plt.show
```

输出结果如图 23-4 所示。

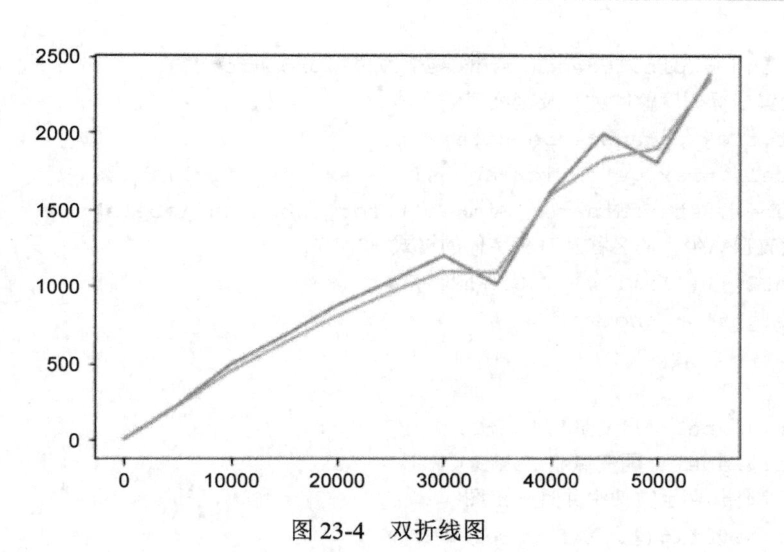

图 23-4 双折线图

下面是进行优化的命令：

```
import  matplotlib.pyplot as plt
import pylab
#设置中文字体
from pylab import mpl
mpl.rcParams['font.sans-serif'] = ['SimHei']
#数据设置
x1 =[0,5000,10000, 15000, 20000, 25000, 30000, 35000, 40000,
45000, 50000, 55000];
y1=[0, 223, 488, 673, 870, 1027, 1193, 1007, 1609, 1991, 1803,
2388];
x2 =[0,5000,10000, 15000, 20000, 25000, 30000, 35000, 40000,
45000, 50000, 55000];
y2=[0, 214, 445, 627, 800, 956, 1090, 1081, 1589, 1825, 1896, 2351];
#设置输出的图片大小
figsize = 11,9
figure, ax = plt.subplots(figsize=figsize)

#在同一幅图片上画两条折线
A,=plt.plot(x1,y1,'-r',label='实际',linewidth=5.0)
B,=plt.plot(x2,y2,'b-.',label='模拟',linewidth=5.0)
#设置图例并且设置图例的字体及大小
font1 = {'family' : 'SimHei',
'weight' : 'normal',
'size'   : 23,
}
```

```
legend = plt.legend(handles=[A,B],prop=font1)
#设置坐标刻度值的大小及刻度值的字体
plt.tick_params(labelsize=23)
labels = ax.get_xticklabels() + ax.get_yticklabels()
[label.set_fontname('SimHei') for label in labels]
#设置横纵坐标的名称及对应字体的格式
font2 = {'family' :'SimHei',
'weight' : 'normal',
'size'   : 30,
}
plt.xlabel('自变量',font2)
plt.ylabel('因变量',font2)
#将文件保存至文件中并且画出图
plt.savefig('..\\figure1.pdf')
plt.show()
```

其输出结果如图 23-5 所示。

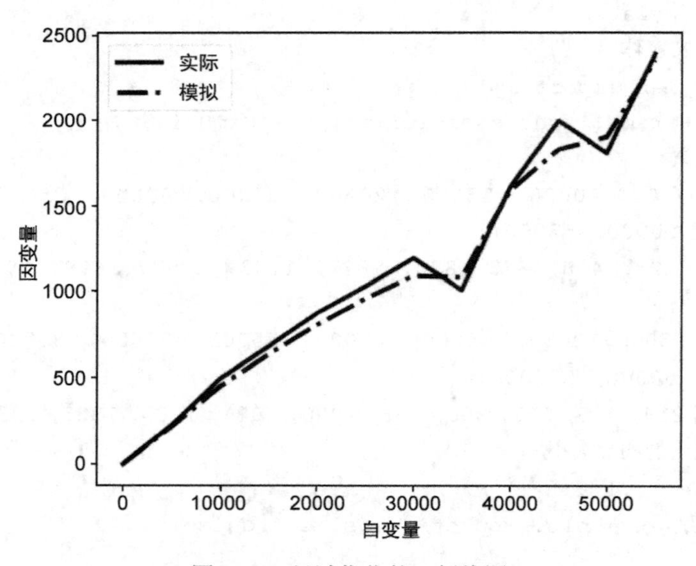

图 23-5　经过优化的双折线图

习题与作业

利用本章所讲述的主要命令与方法，选择配套电子文件的数据库，进行输出图的优化。

后　记

在本书完成之际，笔者就以下常见问题进行回答：一是新商科、新文科的教师能否适应大数据新形势，要花多长时间，遇到最大的问题是什么？二是新商科、新文科的学生能否学会大数据可视化技术？

对于第一个问题，答案是能的，所需要的时间根据个人的投入时间不一。如果仅仅是自己掌握，花的时间并不长，一般需要几个月。但如果是要讲授这门课程，则需要更长的时间，而且需要一本比较合适的教材，这样可以大大缩短进程。在学习过程中，最大的问题就是对于一些问题的处理。笔者也不是计算机专业出身，在写作本书的过程中，常常遇到各种各样的小问题。有时这些小问题会困扰笔者几天之久。笔者通常是在网络上搜索所遇到的问题，寻找答案，在此非常感谢那些不知名的热心网友。在这个过程中，笔者有了以下两个感悟：①大数据编程或工具化处理实际上并不难，但常常因为版本不兼容等问题，让我们浪费了大量时间。如果有一本深入浅出的教材，就会大大节省时间。正是出于这种考虑，笔者编写了本书。②要高度重视在线工具或软件的使用。在线工具把相关程序置于后台，大大简化了操作。我们只要按照说明进行“傻瓜式”操作，就能输出大数据可视化图。这将是一大趋势。随着技术的发展与成熟，未来将有更多这样的软件涌现，大大降低大数据软件使用的专业性门槛。

对于第二个问题，答案也是能的。年轻的大学生，学习能力强。有些大学生全凭自学，也能掌握大数据可视化的技术。但这种进程也是缓慢的，并且时间具有不确定性，因此急需引入适合文科或商科学生的教材。本书就是专门为新商科、新文科的大学生定制的，也适合自学。

由于经验与水平有限，书中难免有错误或疏漏之处，欢迎批评指正，可将意见或建议发送至电子邮箱 592306715@qq.com，以在新版中纠正。